Ferdinand Kniep

Präscriptio und Pactum

Ferdinand Kniep
Präscriptio und Pactum
ISBN/EAN: 9783743362048
Hergestellt in Europa, USA, Kanada, Australien, Japan
Cover: Foto ©berggeist007 / pixelio.de

Manufactured and distributed by brebook publishing software (www.brebook.com)

Ferdinand Kniep

Präscriptio und Pactum

Präscriptio und Pactum

von

Dr. Ferdinand Kniep.

Jena,
Verlag von Gustav Fischer.
1891.

Inhalt.

                                                      Seite

Einleitung 1

Erste Abteilung.
Präscriptio.

I. Präscriptio wegen künftiger Leistungen.

1. Die Darstellung bei Gajus.

a) Die Stipulation.

α) § 1. Ein erster Bericht 2

Die Präscriptio 'ea res agatur cuius rei dies fuit' war notwendig bei Stipulationen mit wiederkehrenden Leistungen, selbst wenn eine bestimmte Reihe in Frage stand, und diese Leistungen sich auf eine bestimmte Geldsumme bezogen. Erklärung von fr. 140 § 1 V. O.

β) § 2. Ein anderer Bericht 8

Für die Klage gegen den Hauptschuldner hat im Album des Prätors eine Formel Platz gefunden, deren Demonstratio die Präscriptio in sich aufnahm. Umgekehrt hat bei der Klage gegen den sponsor und fideiussor die Präscriptio die Demonstratio an sich gezogen. Gai 4, 136. 137.

γ) § 3. Betrachtungen über beiderlei Berichte . . 13

Die Institutionen des Gajus sind kein Werk aus einem einheitlichen Gusse. Es giebt einerseits nachgajanische Glossen; andererseits ist hier ein alter Grundstock von Gajus und andern nur leicht überarbeitet worden.

b) § 4. **Verpflichtungen eines Verkäufers** 23
Oekonomischer Zweck betreffend die auf Einräumung leeren Besitzes gerichtete Verpflichtung. Die Klage mit Präscriptio gewährt die Möglichkeit, dass vom Geldurteile abgesehen und die Leistung als solche erzwungen wurde. Gai 4, 131 a. fr. 19 § 5 Loc. cond. 19, 2.

2. § 5. **Sonstige Entwicklung** 30
Die hier betrachteten Präscriptionen sind uralt, gehören insonderheit schon dem Legisactionenprocess an. Der alte Name war exceptio. Bei formula in factum concepta ist für sie kein Raum, also auch nicht bei den Klagen des ädilizischen Edictes. Versuche, sie abzuwerfen. Der Satz des Labeo bezw. Trebatius, dass ein minus ponere in demonstratione zulässig sein müsse. Nach Sabinus liegt beim Rentenlegat eine Mehrheit von Legaten vor. Verpflichtung des Vormundes. Auf dem Gebiete der gutgläubigen Obligationen hat die hier betrachtete Präscriptio zur Zeit des Ulpian und Paulus noch nicht viel von ihrer Bedeutung verloren. Beispiele. Für die Stipulation entwickelt sich dagegen der Satz: tot sunt stipulationes quot res bezw. quot summae. Er scheint eine Nachbildung des andern Satzes zu sein: auctoritates tot sunt, quot et species rerum sunt. Zusammenhang mit der condictio certi generalis. Noch einmal fr. 140 § 1 V. O. fr. 23 de exc. rei iudicatae 44, 2 fr. 22 eodem. fr. 72 de eu. 21, 2.

II. Andere Präscriptionen.

1. § 6. **Präscriptio aus Stipulationen Gewaltunterworfener** 56
Ergänzung von Gajus 4, 134.

2. § 7. **Präscriptio de pacto** . 60
Bisherige Verteidigungsversuche.

Zweite Abteilung.
Pactum.
I. Das Edict des Prätors.

1. § 8. Inhalt 64
Das seruabo weist auch auf Klagen hin, die uns hier allein angehen.

2. Anwendungsfälle.

a) § 9. Pacta legitima 65
Die Klage auf Grund eines Pactum legitimum bietet möglicherweise schon einen Anwendungsfall dar für unsere Präscriptio de pacto. Später greift hier die condictio ex lege Platz.

b) Der unbenannte Realvertrag.

α) § 10. Allgemeines 67
Beim unbenannten Realvertrage begegnen wir einer doppelten wissenschaftlichen Strömung: teils actio in factum, teils ciuilis actio mit Präscriptio. Die letztere Klage wird aufgebaut auf dem Vertragsgedanken, damit haben wir die Präscriptio de pacto. In nachklassischer Zeit wird dieser Gegensatz ausgeglichen durch Schaffung einer actio in factum ciuilis — vom Standpunkte des Formularprocesses aus ein unmöglicher Begriff. Diese auf Interpolation beruhende actio in factum ciuilis wird weiter gleichgesetzt der actio praescriptis uerbis, die ebenfalls vielfach interpoliert worden und später eine ganz andere Bedeutung angenommen hat. Die neue praescriptis uerbis actio steht nicht mehr in Beziehung zu einer besondern Form von Klagen, sondern umfasst ein sachlich abgegrenztes Gebiet. Ueber Interpolationen im allgemeinen. Durch den Nachweis von Interpolationen wird ein Zweifaches erreicht: wir stellen nicht bloss das römische Recht in seiner Reinheit her, in diesen Interpolationen sind uns zugleich die Bausteine erhalten für eine Geschichte der vorjustinianischen, aber nachklassischen Wissenschaft und Praxis. fr. 7 § 2 de pactis 2, 14. fr. 1 pr. de aestimatoria 19, 3. Pauli sent. 5, 6 § 10.

β) § 11. Einzelne Beispiele 82
Der unbenannte Realvertrag ist nach römischer Anschauung

gar kein Contract, sondern vielmehr dem Pactumbegriffe untergeordnet worden. Unterschied zwischen Pactum und nudum pactum. c. 4 de dotis prom. 5, 11. Noch einmal die Interpolation.

c) **Die gutgläubigen Obligationen.**

α) § 12. **Pacta conuenta inesse bonae fidei iudiciis.** ... 94
Der Satz hat seine Vorläufer gehabt, welche die Möglichkeit einer selbständigen Klage offen lassen.

β) § 13. **Ein Ausspruch des Servius** 96
Servius bringt bereits in fr. 13 § 30 A. E. V. den fraglichen Satz zur Anwendung, aber das 'magis esse' weist auf Andersdenkende hin.

γ) § 14. **Labeo** 98
Labeo schliesst sich im allgemeinen dem Servius an. Allein bei einer Pachtberedung neben Kauf wollen Trebatius und Labeo von der Contractsklage nichts wissen. Javolen lässt sie unter Voraussetzungen zu; Paulus und Hermogenian gewähren sie unter allen Umständen; Paulus hält eine Begründung noch für nötig, wovon Hermogenian schon absieht. Abgrenzender Grundgedanke: die Nebenberedung darf nicht über die Natur des Hauptgeschäftes hinausgehen. In fr. 50 C. E. gewährt Labeo aus einer Nebenberedung dem Verkäufer eine Klage mit Präscriptio, die Ulpian ebenfalls gelten lässt.

δ) § 15. **Nebenberedungen betreffend die Auflösung eines Kaufgeschäftes.** 108
Pactum displicentiae. Rückkaufsrecht des Verkäufers. Vorkaufsrecht des Verkäufers. Lex commissoria. In diem addictio. Bewegt sich ein solcher Auflösungsgedanke noch innerhalb der Schranken des Hauptgeschäftes? Für eine selbständige Klage treten ein Proculus und Neratius; die Hauptklage gewähren Sabinus, Julianus, Pomponius. Also hier Sabinianer, dort Proculianer. Kaiserliche Constitutionen begünstigen die Hauptklage: quoniam eo iure contractum in exordio uidetur. Es wird nicht mehr gefragt, ob die Nebenberedung der Natur des Vertrages entspreche oder darüber hinausgehe. Von diesem Gesichtspunkte aus erklärt Papininan ein iudicium in factum der Aedilen für überflüssig. fr. Vat. 14.

— VII —

d) § 16. Sonstige Obligationen . . 125

Auch sonst noch giebt es Fälle, wo das Pactum eine selbständige Klage erzeugte. Anspruch der Frau auf standesgemässen Unterhalt; Zinsberedungen zwischen Staat bezw. Gemeinde und Einzelnen, beim Seedarlehn und verwandten Fällen, beim Getreide- und Fruchtdarlehn, beim Chirographum, von Seiten der Bankiers; Vergleich. Auszuscheiden sind die sogenannten prätorischen Pacta. Die späteren pacta legitima stehen uns schon ferner. Einen sichern Anwendungsfall für unsere Klage mit Präscriptio bietet der Vergleich dar. Im übrigen ist gar nicht zu verkennen, dass namentlich seit der lex Antonina de ciuitate das Peregrinenrecht auch auf das Pactum stark eingewirkt hat.

§ 17 Ergebnisse 147

Der Zweck, welcher dem Prätor bei seinem Edicte de pactis et conuentionibus vorschwebte, scheint weiterer Ausbau der gutgläubigen Obligationen gewesen zu sein.

II. § 18. Das Edict der Aedilen. 151

Das Edict der Aedilen enthält keine allgemeine Bestimmung über die pacta conuenta, sondern berücksichtigt zunächst nur dicta und promissa in einem gewissen Umfange, und selbst diese Berücksichtigung hat von Haus aus nicht stattgefunden. In einem spätern Anbau ist allerdings ein einzelnes Pactum mit herangezogen 'si mancipium ita uenierit, ut, nisi placuerit, redhibeatur', und eine Verallgemeinerung geht auf Ulpian zurück; aber als Klagen, mittelst welcher derartige Pacta geltend gemacht wurden, treten uns nur entgegen die redhibitorische und dieser nachgebildete in factum actiones. Es gab überhaupt bei den Aedilen, sofern ein Kauf in Frage stand, nur actio redhibitoria und quanto minoris sowie diesen nachgebildete actiones in factum. Diese mussten insonderheit benutzt werden für die den Kauf begleitenden dicta und promissa, sowie den Anspruch auf stipulatio duplae. Wie für Klagen war auch in anderer Beziehung die Zuständigkeit der Aedilen eine fest abgegrenzte. Dem Kauf wurde allerdings der Tausch gleichgestellt, aber nicht die Miete. Anlangend den Gegenstand, so konnten die Aedilen nur wegen Sklaven und Vieh angegangen werden. Da altcivile Vorstellungen keine Schwierigkeiten bereiten, ist anzunehmen, dass ein lege agere vor Aedilen nie stattfand. Der Formularprocess scheint sich hier aus einem einheitlichen Verfahren mehr polizeilicher Natur entwickelt zu haben. Unter Severus Alexander wird die Beseitigung der curulischen Aedilität bereits angebahnt, die ädilizischen Klagen haben sich indes erhalten. So ist der einheitliche Formalismus, wie er von der klassischen Wissenschaft für die prätorischen Klagen angestrebt wurde, im grossen und ganzen schliesslich doch nicht erreicht. fr. 31 § 22 de aed. ed.

Stellenverzeichnis . . 175
Textbemerkungen 180

Einleitung.

Die Darstellung bei Gajus über Präscriptio dürfte trotz allem Guten, das namentlich Keller in dieser Beziehung geleistet hat, noch keineswegs nach allen Richtungen hin genügend ausgebeutet sein: weder in Bezug auf das, was Gajus selber giebt, noch anlangend den Gewinn, den uns hier Gajus für das Verständnis des Pandektenrechtes gebracht hat. Insonderheit ist e i n e Präscriptio, die Gajus ausdrücklich nennt, ganz verschwunden, die Präscriptio de pacto: indem man glaubte, das pacto in facto verwandeln zu müssen. Diese Präscriptio de pacto ist aber zu halten. Um diesen Nachweis zu führen, bedarf es indessen einer näheren Betrachtung des Pactum. So wird denn diese Abhandlung in zwei Abtheilungen zerfallen: die eine soll sich mit der Präscriptio als solcher, die andere mit dem Pactum beschäftigen.

Erste Abteilung.
Präscriptio.

I. Präscriptio wegen künftiger Leistungen.

1) Die Darstellung bei Gajus.

a) Die Stipulation.

α. § 1. Ein erster Bericht.

Die Lehre von den Präscriptionen ist bei Gajus erörtert im 4ten Buche § 130—137. Sie ist uns aber nicht vollständig erhalten: von kleineren Lücken abgesehen, ist eine ganze Seite unleserlich.

Gai 4,131 beginnt mit der Obligation, die mehrere Verpflichtungen umfasst, welche zu verschiedenen Zeiten fällig sind: ex una eademque obligatione aliquid iam praestari oportet, aliquid in futura praestatione est. Als Beispiel wählt er zunächst die Stipulation: veluti cum in singulos annos uel menses certam pecuniam stipulati fuerimus. Der Text ist leicht zu lesen und im allgemeinen sicher bis auf den Schluss des Paragraphen, welcher auf Grund der erkennbaren Buchstaben vielleicht so zu ergänzen ist: et quae ante tempus obligat(ionis in) m(e)ns(es nel annos futuros) fie(ri non) po(test nec) permissa poste(a esse) u(idetur petitio). Jedenfalls decken sich diese Einschiebungen mit der Zahl der fehlenden bezw. nicht zu erkennenden Buchstaben, wenn man setzt u.ann. oder u.an̄ = uel annos, te̅ n' = test nec, e̅c = esse. In Bezug auf die letzte Einschaltung scheint die Zahl der Buchstaben nicht ganz festzustehen.

Es handelt sich um eine Klage mit incerter Intention 'quidquid paret N. Negidium A. Agerio dare facere oportere'. Eine solche Klage machte Schwierigkeiten in Bezug auf die Teilbarkeit. Denn einerseits galt von Alters her der Satz: dass ein römischer Richter nur in Fälliges verurteilen konnte [1]. Andererseits war über eine und dieselbe Sache nur ein Rechtsstreit möglich [2]. So schien denn der Gläubiger vor die Wahl gestellt zu sein: entweder mit der Klage zu warten, bis sämmtliche Leistungen fällig waren; oder, wenn er früher klagen wollte, sich mit den fälligen Leistungen zu begnügen. Hier wurde geholfen durch die Präscriptio 'ea res agatur cuius rei dies fuit'. Dieselbe bewirkte, dass für den vorliegenden Rechtsstreit nur die fälligen Forderungen in Betracht kamen, während die nichtfälligen für künftige Processe aufgespart blieben.

---

[1] Fr. Vat. 49: nulla legis actio prodita est de futuro.
[2] Gai 4,108: qua de re actum semel erat, de ea postea ipso iure agi non poterat.

Anlangend das Anwendungsgebiet dieser Präscriptio, so möchte man vielleicht geneigt sein, sich die Sache so vorzustellen: als ob die hier beobachtete Schwierigkeit lediglich da zum Vorschein gekommen, wo die Zahl der wiederkehrenden Leistungen eine unbestimmte war. Das hiesse indes den Worten des Gajus Zwang anthun. Er spricht von Verpflichtungen in singulos annos uel menses. Dabei haben wir sogar in erster Linie an eine bestimmte Reihe von Jahren[3]) oder Monaten zu denken, z. B. an die drei bekannten Jahrestermine annua bima trima. Auch kommen ja diese bestimmten Reihen viel häufiger im Leben vor, als die unbestimmten. Und dass man eine bestimmte Anzahl wiederkehrender Leistungen ebenfalls als ein incertum auffasste, ist am Ende so schwer nicht zu erklären. Denn wenn von einer auf dreimal tausend gerichteten Forderung die ersten Tausend bereits fällig sind, die andern Tausend im Laufe dieses Jahres und die dritten Tausend im Laufe des nächsten Jahres fällig werden; so habe ich, genau genommen, gar keine Forderung von dreitausend, sondern eine Forderung von einem unbestimmten Betrage, da vom zweiten und dritten Tausend erst der Discont in Abzug gebracht werden muss, wenn ich ihren heutigen Wert ermitteln will. Mit Gajus stimmt überein Pomponius fr. 16 § 1 V. O. 45,1: Stipulatio huius modi 'in annos singulos' una est et incerta. Demgemäss begegnen

---

3) Vgl. Pap. fr. 18 § 3 de stip. scru. 45,3: in annos singulos ... in annos forte quinque.

wir denn auch bei Stipulationen, die mit einem dem oportet angehängten oportebitue oder praesens in diemue Fälliges wie Nichtfälliges umfassen sollten, der Fassung dare facere selbst da, wo bestimmte Jahre in Frage stehen⁴).

Mit alledem steht freilich nicht in Einklang Paulus libro tertio ad Neratium fr. 140 § 1 V. O.

> De hac stipulatione 'annua bima trima die id argentum quaque die dari?' apud veteres uarium fuit. Paulus: sed verius et hic tres esse trium summarum stipulationes.

Hier wird ausdrücklich eine Mehrheit von Stipulationen angenommen. Haben wir aber die Mehrheit, so lässt sich bei einem bestimmten Betrage der Begriff des incertum freilich nicht halten; nicht einmal bei einer unbestimmten Reihe. Eine Stipulation, wie sie uns z. B. § 3 V. O. 3,15 entgegentritt 'decem aureos annuos quoad uiuam dare spondes?' wäre darnach eine unbestimmte Anzahl von stipulationes certae. Auf diese Weise bliebe anlangend die Gajanische Stipulation, welche ausdrücklich certa pecunia voraussetzt, kaum noch eine Schwierigkeit und somit kein Bedürfnis für eine Präscriptio übrig. Indes das schlechte Latein erregt Bedenken. Quaque die statt sua quaque die. Ferner ist argentum schlechthin in der Bedeutung von pecunia ein höchst seltener Sprachgebrauch. Die Stellen, welche Forcellini in dieser Beziehung bringt, sind meistens Dichtern entlehnt. Dass die

---

4) Paulus fr. 76 § 1, fr. 89, fr. 125 V. O.

römischen Rechtsgelehrten argentum so gebraucht hätten, muss ich bestreiten, zumal im Rechtsleben der Römer sich diese Bedeutung nicht eingebürgert hat. Dies sehen wir deutlich am argentum legatum. Dasselbe umfasste silberne Gerätschaften und rohes Silber, aber kein Geld [5]). Argentum in unserer Stelle wird nichts weiter sein als Wiedergabe des griechischen ἀργύριον, das freilich sehr häufig so viel wie Geld bedeutet. Sodann die eigentümliche Wendung: de hac stipulatione apud ueteres uarium fuit. Was soll das eigentlich heissen: bei den Alten bestanden wegen dieser Stipulation Streitfragen; oder: bei den Alten verhielt es sich mit dieser Stipulation anders? — Ich glaube demnach, dass die Compilatoren hier ihre Hände im Spiele gehabt haben. Andererseits ist kaum wahrscheinlich, dass Neratius hinsichtlich der in Frage stehenden Stipulation anderer Meinung gewesen sei, wie Gajus. Neratius wird vielleicht begonnen haben: De hac stipulatione 'annua bima trima die sestertium triginta milia sua quaque die dari?', um daran eine Erörte-

---

5) Ulp. fr. 19 pr. de auro argento 34,2. Cum aurum uel argentum legatum est, quidquid auri argentique relictum sit, legato continetur siue factum siue infectum: pecuniam autem signatam placet eo legato non contineri. Ulp. fr. 27 § 1 eodem. An cui argentum omne legatum est, ei nummi quoque legati esse uideantur, quaeritur. et ego puto non contineri: non facile enim quisquam argenti numero nummos computat. item argento facto legato puto, nisi euidenter contra sensisse testator appareat, nummos non contineri. Der nisi-Satz wird Compilatorenweisheit sein. Vgl. wegen der nisi-Sätze Gradenwitz, Interpol., S. 179 fg.; Eisele, Zeitschrift für Rechtsgesch., Band 23 S. 296 fg., Band 24 S. 26 fg.

rung über praescriptio pro actore zu knüpfen. Diese haben die Compilatoren gestrichen und ersetzt durch ihr: apud veteres uarium fuit. — Das Latein des Paulus giebt zu Ausstellungen keine Veranlassung. Ich werde hierauf zurückkommen [6]).

Sehen wir nun von diesem Ausspruche des Neratius-Paulus vorläufig ab, so sind wir zu folgendem Ergebnis gelangt. Die Präscriptio 'ea res agatur cuius rei dies fuit' war notwendig bei Stipulationen mit wiederkehrenden Leistungen, selbst wenn eine bestimmte Reihe in Frage stand, und diese Leistungen sich auf eine bestimmte Geldsumme bezogen. Eine solche Stipulation wurde betrachtet als eine einheitliche und unbestimmte.

Den Processgang haben wir uns dann so zu denken: dass die Präscriptio besonders erbeten, also ein eigenes Vorverfahren der Formelerteilung voraufgehen musste. Diese Formel könnte etwa gelautet haben: Iudex esto. Ea res agatur, cuius rei dies fuit. Quod $A^s A^s$ de $N^o N^o$ incertum stipulatus est, quidquid paret $N^m N^m$ $A^o A^o$ d. f. o. eius iudex $N^m N^m$ $A^o A^o$ c. s. n. p. a.

Die Intentio wird uns in dieser Stelle selber angegeben — und nach meinem Dafürhalten ist dies die beste Beweisstelle für die Frage, wie bei condictio incerti, insonderheit aus Stipulation, die Intentio gefasst war [7]). Eine so allgemein gehaltene Intentio bedurfte zur näheren Bestimmung eine De-

---

6) Siehe unten § 5.
7) Vgl. wegen dieser Frage Lenel, Edictum, S. 122 fg.

monstratio. Dieser Demonstratio ist dann wieder die Präscriptio vorzusetzen, deren Fassung wir ebenfalls bei Gajus finden. Die Frage, ob sich der condemnatio eine taxatio zugesellt habe[8]), mag hier auf sich beruhen bleiben.

Daneben wird uns aber noch von einem andern Verfahren berichtet, mit dem ich mich jetzt beschäftigen werde.

β. § 2. Ein anderer Bericht.

Am Schlusse des Abschnittes, welcher von den Präscriptionen handelt, kehrt Gajus wieder zurück zur stipulatio incerta und teilt uns darüber Folgendes mit:

> § 136. Item admonendi sumus, si cum ipso agamus, qui incertum permiserit (promiserit), ita nobis formulam esse propositam, ut praescriptio inserta sit formula (ae) loco demonstrationis hoc modo: Iudex esto. Quod A^s A^s de N^o N^o incertum est stipulatus em., cuius rei dies fuit, qui(d)quid ob eam rem N^m N^m A^o A^o dare facere oportet et reliqua. § 137. Aut si cum sponsore aut fideiussore agat(ur), praescribi solet in persona quidem sponsoris hoc modo: Ea res agetur (atur), quod Aulus Agerius de Lucio Titio incertum stipulatus est, quo nomine N^s N^s sponsor est, cuius rei dies fuit. In per-

---

8) Vgl. hierüber einerseits Hefke, Bedeutung der taxatio S. 32, andererseits Lenel a. a. O. S. 120.

sona uero fideiussoris: Ea res agat(ur), quod
Nˢ Nˢ pro Lucio Ti(ti)o incertum fide sua esse
iussit, cuius heres de (ea re conueniatur, cuius
rei dies) fuit. Deinde formula subigitur.

Was zunächst den Text anbetrifft, so sind eine
Reihe von Aenderungen unbedenklich: permisserit
in promiserit, formula in formulae, quiquid in quidquid, agat zweimal in agatur, agetur in agatur, Tio
in Titio. Subigitur braucht man wohl gar nicht
einmal in subicitur zu verwandeln, und ebensowenig
ist es nötig, aut im Anfange von § 137 zu streichen
oder umzugestalten. Davon abgesehen, ist die erste
und dritte Formel nicht ganz sicher. Der Anfang
der ersten lautet in der Handschrift:

l. e. quod A. A. de N. N. incerte stipem.

Krüger und Studemund verwandeln incerte in
incertum, erweitern stipe zu stipulatus est und
streichen das m. Polenaar erweitert incerte stip
zu incertum est stipulatus und streicht em. Huschke
verfährt wie Krüger und Studemund, nur dass
er m zu modo erweitert. Hiervon verdient nun
jedenfalls die Erweiterung des incerte zu incertum
est den Vorzug vor der Umwandlung des incerte in
incertum. Auf diese Weise behalten wir die beiden
Buchstaben em nach. In diesem em ist vielleicht
eine nähere Beschreibung des incertum zu suchen,
so dass wir es etwa auflösen könnten in ex mutuo.
Dass das incertum eine solche nähere Beschreibung
sehr wohl duldet, ergiebt für das Legat fr. 21 pr. de
exc. rei iud. 44, 2: wo das eine Mal die Demonstratio gelautet haben könnte 'Quod Aº Aº incertum est

legatum testamento Lucii Titii', im zweiten Falle gelautet haben wird 'Quod A⁰ A⁰ incertum est legatum codicillis Lucii Titii postea prolatis'. Und wie hätte dies anders sein können? Es seien zwischen zweien drei Stipulationen abgeschlossen auf fossam fodiri, domum aedificari, uacuam possessionem tradi⁹). Wenn nun aus einer von diesen geklagt wurde, so kann doch unmöglich genügt haben 'Quod Aˢ Aˢ de N⁰ N⁰ incertum est stipulatus'; sondern es muss dabei gesagt sein: dass es sich handle, sei es nun um ein fossam fodiri, oder ein domum aedificari, oder ein uacuam possessionem tradi. Savigny¹⁰) hatte Unrecht, dass er incertum als ein Blanketwort betrachtete, an dessen Stelle der wirkliche Gegenstand der Stipulation genannt sei; aber nähere Angaben werden neben dem incertum Platz gefunden haben. — Was die dritte Formel anbetrifft, so wird das handschriftlich überlieferte heres defuit allgemein in rei dies fuit umgewandelt. Möglich ist nun freilich alles; aber dass jemand rei dies in heres de sollte verschrieben haben, nicht gerade wahrscheinlich. Bedenkt man nun, dass die Verpflichtung des fideiussor auf die Erben überging, aber nicht die des sponsor¹¹); so liegt es näher, sich die Sache so vorzustellen: dass dieser Unterschied in den gebrachten Formelbeispielen ebenfalls zum Ausdrucke gelangen sollte. Wir haben hier demnach eine Auslassung anzu-

---

9) Vgl. fr. 75 § 7 V. O. 45, 1.
10) System Bd. 5 S. 617.
11) Gai 3, 120.

nehmen, wie solche ja in der Handschrift vielfach vorkommen.

Von der ersten Formel wird uns ausdrücklich berichtet, dass sie im Album des Prätors Aufnahme gefunden hatte: nobis formulam esse propositam. Darin liegt ausgesprochen: wegen einer derartigen Präscriptionsformel bedarf es keines besonderen Vorverfahrens mehr; wer in so beschränkter Weise klagen will, kann jetzt ohne weiteres zur Klage schreiten. Die auf mehrere Leistungen gerichtete incerte Stipulation war damit in der That nach dieser Richtung hin zu einer teilbaren geworden. Gleichzeitig ist eine redaktionelle Aenderung vorgenommen: die praescriptio erscheint nicht mehr als eine eigentliche Vorbemerkung, welche der formula voraufgeht; sondern ist mit der demonstratio in der Weise verflochten, dass sie einen Bestandteil derselben bildet. — Und wie die Lage des Klagenwollenden ist auch die Stellung des Prätors eine andere geworden. Solange die Präscription durch besonderes Dekret erteilt werden musste, hing es von seinem Ermessen ab: ob er sie in dem einzelnen Falle gewähren oder versagen wollte. An dasjenige aber, was in seinem edictum perpetuum stand, war der Prätor gebunden, jedenfalls seit der lex Cornelia vom Jahre 687/67 [12]); und was dieses Gesetz ausdrücklich bestimmte, wird von gewissenhaften Prätoren stets beobachtet sein. Paul Krüger[13]) be-

---

12) Asconius (Kiessling et Schoell) pag. 52.
13) Röm. Rechtsquellen S. 32 Anm. 7

zweifelt freilich andererseits, dass die lex Cornelia bis zur Hadrianischen Redaktion gegolten habe. Indes die beigebrachten Stellen, wenn sie überhaupt für die vorhadrianische Zeit beweisend sein sollten, besagen nur: dass dem Prätor nicht jegliches Ermessen abgeschnitten war. Insonderheit wird die lex Cornelia dem Prätor die Befugnis nicht haben nehmen wollen: auch da Klagen zu erteilen, wo sie im Album nicht versprochen worden[14]. — Den Entwickelungsgang haben wir uns so vorzustellen: derartige Präscriptionen wegen incerter Stipulationen werden immer häufiger begehrt und immer anstandsloser bewilligt sein; bis dann der Prätor sich entschloss, dieses Vorverfahren gänzlich zu beseitigen und statt dessen auf sein Album zu verweisen.

Rudorff[15] hält dafür, dass alle drei Formeln im Edict standen; dagegen bemerkt Lenel[16], dass dies hinsichtlich der beiden andern mindestens zweifelhaft sei. Ich glaube aber, die Ausdrucksweise bei Gajus — einerseits formulam esse propositam, andererseits praescribi solet — nötigt uns dazu, die beiden letzteren Formeln dem Album fern zu halten. Eine Umwandlung hat sich indes auch hier vollzogen. Präscriptio und Demonstratio erscheinen nicht mehr als zwei besondere Bestandteile, sondern sind in einander verarbeitet worden: diesmal aber in der Weise, dass die Präscriptio die Demonstratio an

---

14) Vgl. Kipp Kr. Vierteljahrsschr. Bd. 32 S. 6, 7.
15) Ed. perp. § 78.
16) Ed. S. 119.

sich gezogen hat. Diesen formalen Unterschied erkläre ich mir so. Im ersten Falle, wo der Prätor eine beständige Formel giebt, richtet er sich nach dem herkömmlichen Sprachgebrauch des Albums, das incerte Formeln mit Demonstratio und Quod beginnen lässt. Wo aber ein besonderes Vorverfahren stattfand, pflegte dasselbe, wenn die Präscriptio bewilligt wurde, durch ein mit Ea res agatur beginnendes Decret zum Abschluss gebracht zu werden. Von dieser Form hier abzuweichen, wird der Prätor keine Veranlassung gehabt haben, obwohl bereits Präscriptio und Demonstratio mit einander verbunden erscheinen. Und wenn auch diese enge Verbindung sich daraus erklären wird, dass derartige Präscriptionen häufig gestattet wurden, so hatte doch der Prätor auf sein Erwägen und sein Ermessen keineswegs verzichtet.

Was endlich das formula subigitur anbetrifft, so haben wir dasselbe doch wohl so zu verstehen: dass bei den Klagen gegen sponsor und fideiussor nur noch Intentio und Condemnatio, nicht aber ausserdem eine anderweitige Demonstratio hinzugefügt wurde [17]).

γ. § 3. Betrachtungen über beiderlei Berichte.

Was Gajus am Schlusse des Abschnittes über Präscriptionen von der incerten Stipulation sagt, stimmt nicht zum Anfange. Zunächst wird die Sache so dargestellt, dass wir eine Präscriptio 'Ea res aga-

---

[17]) Vgl. hierüber Lenel, Ed. S. 119.

tur cuius rei dies fuit' der Formel vorsetzen sollen. Hernach heisst es von der Klage gegen den Hauptschuldner, dass die Demonstratio die Präscriptio in sich aufgenommen und die so gebildete Formel im Album des Prätors Platz gefunden habe. Ferner ist bei der Klage gegen den sponsor und fideiussor auch keine selbständige Präscriptio mehr vorhanden, vielmehr hat die Präscriptio die Demonstratio in sich aufgenommen. Wie erklärt sich dieser verschieden gehaltene Doppelbericht?

Die Institutionen des Gajus sind kein Werk aus einem einheitlichen Gusse — an diese Vorstellung werden wir uns mehr und mehr gewöhnen müssen. Die Veroneser Handschrift ist nicht einmal frei von nachgajanischen Glossen. In dieser Beziehung habe ich auf Gai 2,51 aufmerksam gemacht, indem ich mich gleichzeitig auf Gai 2,126 berief[18]). Dagegen hat sich Ferrini[19]) erklärt, dem Schneider[20]) zustimmt. Ich will mich nach dieser Richtung hin hier nicht in Einzelheiten verlieren. Mit der Behauptung Ferrini's 'Noi pertanto continuiamo a credere che il palinsesto veronese contenga le vere Istituzioni di Gaio' ist die Sache jedenfalls nicht abgethan. Denn dass es nachgajanische Glossen giebt, dürfte doch wohl ausgemacht sein[21]). Ich glaube

---

18) Vacua possessio, Bd. 1 S. 461 fg.
19) Bulletino dell' istituto di diritto Romano, anno I pg. 30 fg.
20) Krit. Vierteljahrschr., Bd. 33 S. 40.
21) Vgl. Studemund, Apographum, pg. XX; Gai inst. praefatio[1] pg. VIII, praef.[2] pg. IX; Polenaar, Gai inst. pg. XI; Mommsen, Ztschr. für Rechtsgesch., Bd. 9 S. 98 Anm. 5;

nur, die Zahl derselben ist viel grösser, als man sich gemeiniglich vorstellt. — So ist z. B. Gai 1,79 'Adeo autem hoc ita est, ut ex .. solum extere(ae) nationes et gentes, sed etiam qui Latini nominantur; sed ad alios Latinos pertinet, qui proprios populos propriasque ciuitate(s) habebant et erant peregrinorum numero' nach meinem Dafürhalten ganz und gar späterer Zusatz. Denn die Peregrinen werden hier anscheinend identifiziert mit den exterae nationes et gentes, und die Latinengemeinden der Vergangenheit überwiesen. Zu Gajus' Zeiten — wenn wir annehmen, dass dieser Rechtsgelehrte im zweiten Jahrhundert lebte, wie wir doch wohl müssen — gab es innerhalb des römischen Reiches noch Peregrinen genug, insonderheit fehlte es nicht an selbständigen Latinengemeinden. Der ausgeschriebene § 79 schildert augenscheinlich Zustände, wie sie erst durch die lex Antonina de ciuitate, vermutlich vom Jahre 212 [22]), herbeigeführt sind. — Ebenso erblicke ich in dem 'et opiniones' bei Gai 1,7, mit dem sich Eisele [23]) neuerdings so viele Mühe gegeben, und das auch sonst [24]) schon vielfach Anstoss erregt hat, nichts weiter als eine nachgajanische Glosse. Das Hadrianische Rescript hat nur von sententiae gesprochen, wie die Darstellung bei Gajus noch deut-

---

Ad. Schmidt, ebendas. Bd. 22 S. 141; Eisele, Cognitur, S. 143 fg.
22) Ulp. fr. 17 de statu hom. 1,5; Krüger, Quellen des römischen Rechts, S. 118.
23) Ztschr. für Rtsgesch., Bd. 24 S. 199 fg.
24) Vgl. Krüger, Quellen des röm. Rts., S. 113.

lich genug erkennen lässt. Unter diesen sententiae sind die Gutachten zu verstehen, die für den einzelnen Fall erbeten wurden. Sie werden gleich Urteile genannt, weil der Richter an sie gebunden war. Selbst wo die mehreren Gutachten auseinandergingen, hatte er nur unter ihnen die Wahl. Wir befinden uns hier beim Uebergang vom Laienrichter zum gelehrten Richter. Aeusserlich spricht noch der Laie das Urteil, aber fertig gemacht ist es vom Rechtsgelehrten. Unter den opiniones ist kaum etwas anderes zu verstehen als Meinungen, die in der juristischen Litteratur enthalten waren. Deren Berücksichtigung setzt schon einen gelehrten Richter voraus, wie er uns namentlich auch in den späteren iudices pedanei entgegentritt, die aus den beim Gerichte immatrikulierten Rechtsanwälten genommen wurden[25]). Zwei Entwicklungen gehen hier mit einander Hand in Hand: der Laienrichter wird vom gelehrten Richter verdrängt, und von diesem verlangt man Berücksichtigung der älteren juristischen Litteratur. — Mit dem 'et opiniones' verhält es sich ähnlich wie mit dem 'fere' bei Gai 3,90, das bereits Krüger und Studemund als nachgajanische Glosse bezeichnet haben. Es passt nicht zu der Begriffsbestimmung, die Gajus vom Darlehn giebt, insonderheit nicht zum proprie, ist indessen richtig für die spätere Zeit, die den sog. contractus mohatrae schon kennt, Ulp. fr. 11 pr. R. C. 12,1; und wo auch

---

25) Bethmann-Hollweg, Röm. Civilproc., Band 3 § 140.

sonst der alte Darlehnsbegriff erweitert worden, Ulp. fr. 15 eodem.

Aber auch das, was nachbleibt, wenn wir die nachgajanischen Glossen streichen, ist kein einheitliches Ganze. Gajus hat vielmehr einen alten Grundstock hergenommen und diesen nur leicht überarbeitet, so dass die alte Grundlage als solche noch an vielen Stellen zu erkennen ist. Wir brauchen gar nicht einmal anzunehmen, dass alle Einfügungen von Gajus herrühren, sie können zum Teil schon höher hinaufreichen. Denn das war ja überhaupt die Art und Weise, wie die römischen Rechtsgelehrten im allgemeinen zu Werke gingen. Die Arbeit der Vorgänger wurde zu Grunde gelegt und Neues daran gereiht. Schon Dernburg[26]) hat darauf hingewiesen, dass die Arbeit des Gajus 'zum grossen Teil der Ueberlieferung früherer Lehrer conform war'. Nach Schulin[27]) 'scheint Gajus ein älteres aus der Zeit vor der lex Iulia et Papia Poppaea stammendes Buch zu Grunde gelegt zu haben'. Paul Krüger[28]) macht Gajus zum Vorwurf, dass 'er die wohldurchdachte Gliederung des dritten Abschnitts durch seine Uebergänge verdunkelt', und nimmt an, dass sie 'vielleicht einem fremden Werke entlehnt' sei. Für das hohe Alter dieser Ordnung wird angeführt, dass die Realkontrakte Depositum, Commodat und Pignus bei Gai 3,90 u. 91 noch gänz-

---

26) Die Institutionen des Gajus, S. 30.
27) Lehrbuch der Gesch. des röm. Rts., S. 111.
28) Quellen des röm. Rts., S. 189.

lich fehlen. Kalb[29]) lässt es dahingestellt sein: 'ob wir die Hauptquelle oder die Quellen des Gajus in Werken des Plautius oder des Cassius oder des Sabinus oder eines verschollenen Juristen zu suchen haben'. — Nicht ausser Acht zu lassen ist bei der ganzen Frage, dass Gajus sein Werk selber commentarii nennt. Das wird hier in demselben Sinne zu nehmen sein, wie er anderswo von commentarii zum Edikt bezw. zur lex Iulia et Papia spricht[30]). Wie Gajus im einen Falle das Edikt, im anderen die lex Iulia et Papia; so wird er bei den Institutionen seiner Darstellung ein älteres Institutionenwerk zu Grunde gelegt haben[31]). Ferner werden in c. Imperatoriam § 6 'antiquorum institutiones' und 'commentarii Gaii nostri', sowie 'alii multi commentarii' ausdrücklich einander entgegengesetzt.

Die Hauptsache ist, dass sich Altes und Neues bei Gajus noch vielfach leicht auseinanderhalten lässt. Diese Beschaffenheit des Werkes tritt uns freilich deutlicher in dem Studemund'schen Apographum als den Ausgaben entgegen: denn sämmtliche Herausgeber haben häufig durch Flickwörter und sonstige Textänderungen den wahren Sachverhalt verdeckt; vermutlich um Gajus ein eleganteres Latein schreiben zu lassen. — Es sei mir gestattet, ein Beispiel vorzuführen. Man lese einmal aufmerk-

---

29) Roms Juristen, S. 88.
30) Gai 3,33 u. 54. Vgl. dazu Paul Krüger, Quellen, S. 184.
31) Dernburg, Inst. des Gaj. S. 37, schliesst aus den commentarii auf ein Collegienheft.

sam Gai 2,18 fg. Hier passt der von 'prouincialia praedia' handelnde § 21 gar nicht in den Zusammenhang. Im § 24 ist 'uel apud praesidem prouinciae' schon von Krüger und Studemund als nachgajanisches Glossem gestrichen. Aber dieses sowohl wie der Schlusssatz 'hoc fieri potest etiam in prouinciis apud praesides earum' könnte ebensowohl Gajanischer Zusatz sein. Im § 25 ist dann wieder eingefügt 'aut apud praesidem prouinciae'. Auch die auf prouincialia praedia Bezug nehmenden §§ 31, 32 machen ganz den Eindruck einer späteren Einfügung. Alle diese Zusätze beruhen auf demselben Grundgedanken. Der Hinzufügende hat das Provinzialrecht einem Grundstocke angeflickt, welcher von Provinzialrecht noch nichts enthielt. Und dieser Hinzufügende wird wohl Gajus selber gewesen sein.

Aehnlich steht es um unsern von Präscriptionen handelnden Abschnitt. Was uns im § 131 vorgeführt wird, ist das alte Verfahren des Grundstockes; dagegen in den §§ 136, 137 schildert Gajus das Verfahren seiner Zeit. — Auch sonstige Einfügungen sind erkennbar. Hierher gehört § 132

> Praescriptiones si q(aeras)[32]) appellatas esse ab eo, quod ante formulas praescribentur[33]), plus quam manifestum est.

---

32) Mit dem siq. der Handschrift wird meist recht willkürlich umgegangen; ich ergänze es zu si quaeras. Huschke hat sic, Polenaar uero, Krüger und Studemund autem.

33) Praescribentur wird verschrieben sein für praescribantur. Das a wurde häufig wie e gesprochen. Vgl. bei Seelmann, Aussprache des Latein S. 173 uigilentia, praestentiam.

Hätte derjenige, von dem der Grundstock herrührt, es für notwendig befunden, den Begriff der Präscriptio in dieser Weise näher zu bestimmen, so würde das wohl mehr zu Anfang geschehen sein. Ob nun dieser Zusatz gerade von Gajus herrührt, will ich dahingestellt sein lassen; vielleicht haben wir hier eine nachgajanische Glosse vor uns. Dafür könnte sprechen, dass zu Anfang und zu Ende des Paragraphen in der Handschrift ein freier Raum gelassen ist, die Glosse sich also noch äusserlich vom Texte abhebt. — Mit dem folgenden § 133

> Sed his[34]) quidem temporibus, sicut supra quoque notauimus, omnes praescriptiones ab actore proficiscuntur. olim autem quaedam et pro reo opponebantur, qualis illa erat praescriptio 'ea res agatur si praeiudicium hereditati fiat', quae nunc in speciem exceptionis deducta est, etc.

beginnt Gajus den alten Grundstock umzuarbeiten, der die praescriptiones pro reo doch wohl noch als damals in der Uebung behandelt haben wird. Freilich ist es eine Streitfrage, ob sie nicht schon zu Cicero's Zeiten veraltet waren[35]). Gajus will schon früher bemerkt haben, dass es zu seiner Zeit nur noch praescriptiones pro actore gäbe: sicut supra quoque notauimus. Von einer solchen früheren Be-

---

[34]) Statt his hat die Handschrift iis. Beides wurde gleich gesprochen und konnte daher leicht verwechselt werden.

[35]) Wegen Cic. de inu. 2, 20 § 59. Vgl. Zimmern, Gesch. des röm. Privatrechts, Bd. 3 § 96. Dernburg, Her. pet. S. 38.

merkung ist aber nirgends etwas zu finden. Sie wird vermutlich im § 130 gestanden haben, wo wir demnach etwa hinzufügen könnten: et omnes hodie proficiscuntur ab actore. — Später im § 134 nach einer grossen Lücke tauchen wieder praescriptiones pro actore auf. Dies wird ebenfalls ein späterer Anbau sein, denn sonst wäre das Auseinanderreissen der praescriptiones pro actore schwer zu begreifen. — Darnach ergäbe sich folgende Auseinandersetzung zwischen Gajus und dem alten Grundstock. Im alten Grundstock werden weiter keine praescriptiones pro actore behandelt gewesen sein, als diejenigen, welche wir im § 131 und § 131a vorfinden; dies waren also vermutlich die ältesten praescriptiones pro actore. Daran schloss sich eine Erörterung über die praescriptiones pro reo, welche Gajus für veraltet erklärt. Hieran reihen sich dann andere praescriptiones pro actore, die später entstanden sein werden. Und zum Schluss schildert Gajus dasjenige Verfahren, wie es seiner Zeit bei incerten Stipulationen üblich war.

Ein derartiger Versuch, Gajus wieder in seine alten Bestandteile aufzulösen, ist keineswegs müssige Spielerei. Es steht zu hoffen, dass auf diese Weise für die Entwicklung des Rechtes noch manche Aufschlüsse zu finden sind. In anderer Beziehung gemahnt diese Zusammensetzung des Gajus, insonderheit der Veroneser Handschrift, aus verschiedenartigen Bestandteilen zu grosser Vorsicht. Bei der Berufung auf Gajus dürfen wir nicht ohne weiteres sagen: das war s c h o n der Rechtszustand zu Gajus' Zeiten. Denn was wir vor uns haben, könnte möglicherweise nachgajanische Glosse sein. Ebensowenig ist der Schluss ganz sicher: dies war der Rechtszustand noch zu Gajus' Zeiten. Das Noch könnte richtig sein für die Zeit des alten Grundstockes, aber nicht für die Zeit des Gajus. Denn die Institutionen des Gajus machen keineswegs den Eindruck, als ob das Neue überall gleichmässig nachgetragen wäre. So ist nach Gajus 4,186 stets summa uadimonii erforderlich, während Celsus fr. 3 Si quis in ius 2,5 bereits ein uadimonium ohne summa uadimonii kannte. Die longi temporis praescriptio war dem Gajus schon bekannt, vgl. fr. 54 pr. de eu. 21,2, wird aber in seinen Institutionen mit keiner Silbe erwähnt. Die caduca lässt Gajus noch ans Aerar fallen [36]), während sie Hadrian bereits dem Fiscus überwiesen hatte [37]). Das Verzeichnis der bonae fidei iudicia bei Gai 4,62 scheint der Zeit zwischen Cicero und Sabinus anzugehören [38]). Bei seiner Darstellung des furtum [39]) übergeht Gajus das furtum non exhibitum, obwohl dasselbe im Julianischen Edikte vorgekommen sein wird [40]). Zum Nachholen peremptorischer Einreden bedarf es nach

---

36) Gai 2,150; 2,286ᵃ; 3,62.

37) Fr. 20 § 6ᵃ H. P. 5,3 vom J. 129. Vgl. Hirschfeld, Untersuchungen, Bd. 1 S. 58; Karlowa, Röm. Rechtsgesch., Bd. 1 S. 507. Das in fr. 15 § 3 de iure fisci 49,14 erwähnte S. C. muss früher erlassen sein, da hier vom Rechte des Fiscus noch keine Rede ist.

38) Vgl. einerseits Cic. de off. 3,17 § 70, andererseits fr. 38 pr. pro socio 17,2.

39) Gai 3,183 fg.

40) § 4 I. de obl. quae ex d. n. 4,1.

Gai 4,125 der In Integrum Restitutio, wovon das Julianische Edikt bereits absieht [41]). Gai 2,149 vermisst man das von Ulpian fr. 12 pr. de ini. rupto 28,3 angeführte Reskript Hadrian's [42]).

Ziehen wir nach alledem die Summe, so ist das Ergebnis für den Schriftsteller Gajus vielleicht nicht ganz günstig. Anders steht es aber um das Institutionenwerk, das nach ihm benannt wird. Ich finde, die Veroneser Handschrift wird immer interessanter, je mehr man sich mit derselben beschäftigt. Aus derselben ist nicht bloss zu erkennen, wie Gajus die Institutionen behandelt, sondern auch, wie vor und nach ihm die Institutionen gelehrt wurden.

b) § 4. Verpflichtungen eines Verkäufers.

Von Verpflichtungen eines Verkäufers handelt § 131ª, den ich so lese:

> Item si uerbi gratia ex empto agamus, ⟨ut⟩ nobis fundu⟨s⟩ mancipio detur, debemus ⟨hoc modo⟩ praescribere 'ea res agatur de fundo mancipando', ut postea si velimus vacuam possessionem nobis tradi ⟨de⟩ trade⟨nda vacua posessio⟩ne ⟨ex em⟩pto a⟨gamus; s⟩i obliti i⟨d ue⟩ro sumus, totius illius iuris obligatio illa inc⟨er⟩ta actione 'quidquid ob eam rem N^m N^m A^o A^o dare

---

41) c. 2 Sentent. resc. n. p. 7,50. Ich kann nämlich nicht finden, dass diese Stelle mit Gajus in Einklang steht, was auszuführen Eisele, Zur Gesch. der processualen Behandlung der Exc. S. 3 fg., freilich versucht hat.

42) Siehe Paul Krüger, Quellen, S. 186.

facere oportere' siue (inten)tione consumitur, ut postea nobis agere uolentibus de uaqua (eua) possessione tradenda nulla supersit actio.

Der Text ist nicht ganz sicher, namentlich in der Mitte, wo verschiedenartige Ergänzungen versucht sind. Ich will darauf nicht näher eingehen, da die Sache selber im allgemeinen klar sein dürfte. Es hat jemand ein Grundstück gekauft. Es sei vereinbart, dass dasselbe am 1. April manzipiert, und am 1. Juli leerer Besitz eingeräumt werde. Will ein solcher Käufer sich seinen Anspruch auf Einräumung leeren Besitzes wahren, so muss er zunächst mit der Präscription klagen 'ea res agatur defundo mancipando'. Da entsteht nun folgende Frage: Wenn einem solchem Käufer manzipiert worden, hat er da nicht alles, was er nur begehren kann? Ihm steht ja die formula petitoria zur Seite.

Wir haben hier eine von den wenigen Stellen vor uns, die uns Aufschluss giebt über den ökonomischen Zweck, welchem die auf Einräumung leeren Besitzes gerichtete Verpflichtung diente. Ausdrücklich ist es uns freilich nirgends gesagt, welche Bewandtnis es mit einer derartigen Verpflichtung hatte; wir sind hier angewiesen auf die künstliche Beweisführung.

Im allgemeinen mündete das Verfahren des Formularprocesses in einem Geldurteile aus; dies ist insonderheit so bei der Verpflichtung des Verkäufers. Dies Geldurteil bei Obligationen auf Sachleistung ist auch keineswegs im Justinianischen Rechte verschwunden, und wird hier ebenfalls bei der Verpflichtung des Verkäufers angetroffen⁴³). Dass dies noch so nach Justinianischem Rechte sich verhalte, hat man zwar bestritten; indessen die drei Stellen, auf welche man sich in dieser Beziehung stützt, beweisen nicht das allermindeste⁴⁴). Ein solcher Zustand mag einigermassen erträglich sein, sofern es sich um bewegliche Sachen handelt. Wie aber bei Grundstücken? Wer sich ein Grundstück kauft und die Tradition zum 1. Juli vereinbart, der richtet doch seinen ganzen Hausstand darnach ein. Sollte es nun wirklich bei den Römern von dem Belieben des Verkäufers abgehangen haben: ob er einem solchen Käufer Zutritt gewähren wolle oder nicht? Und sollte ein römischer Käufer sich nach dieser Richtung hin gar nicht haben schützen können? Man wird vielleicht an die Conventionalstrafe erinnern wollen. Indessen diese ging doch auf das Ziel nicht unmittelbar los.

Der Verkäufer als solcher war nach römischem Rechte nur zu einem rem bezw. possessionem tradere verpflichtet, nicht zur Einräumung leeren Besitzes; diese Verpflichtung musste besonders übernommen werden. Beide Sätze sind bereits von Esmarch⁴⁵) richtig erkannt worden. Aus beiden Sätzen folgt,

---

43) Vgl. z. B. c. 17 pr. de fide instrum. 4, 21 vom Jahre 528: necessitas uenditori imponitur uel contractum uenditionis perficere uel id quod emptoris interest ei persoluere.

44) Die drei Stellen sind c. 17 de fid. com. lib. 7, 4; c. 14 de sent. et interl. 7, 45; § 32 de act. 4, 6. Vgl. zu diesen Stellen Mora des Schuldners Bd. 2 S. 441 fg.

45) Vacuae possessionis traditio S. 18 fg.

dass die Römer zwischen dem rem bezw. possessionem tradere einerseits und dem uacuam possessionem tradere andererseits einen Unterschied gemacht haben.

Wer sich rem bezw. possessionem tradere versprechen liess, musste damit zufrieden sein, wenn er schliesslich mit Geld abgefunden wurde [46]. Wer dagegen das Versprechen auf vacuam possessionem tradere stellen liess, erklärte einmal negativ: ich bin nicht zufrieden mit einem rem bezw. possessionem tradere im Sinne einer etwaigen Geldabfindung. Andererseits bedeutet uacua possessio leerer Besitz, welcher die Möglichkeit gewaltfreier Besitzergreifung gestattet [47]. Ein Käufer, welcher dem Verkäufer die Verpflichtung zum uacuam possessionem tradere auferlegte, erklärte demnach positiv: ich verlange das Grundstück in einer Lage, dass mir eine gewaltfreie Besitzergreifung möglich ist.

Die oben ausgeschriebene Stelle zeigt uns nun, in welcher Weise eine derartige Verpflichtung geltend gemacht wurde. Es geschah mittelst der Präscriptio de uacua possessione tradenda. Damit scheint zunächst wenig gesagt zu sein. Betrachten wir uns die Sachlage einmal näher. Die Klage de uacua possessione tradenda wird als die nachfolgende gedacht. Andererseits erfahren wir, dass mit zwei voraufgehenden Klagen, sei es nun ohne Präscriptio oder mit der Präscriptio de fundo mancipando, nicht

---

46) Vgl. z. B. fr. 68 § 2 C. E. 18, 1.
47) Vacua possessio Bd. 1 S. 18 fg.

das erreicht werden kann, wie mit der Klage de uacua possessione tradenda: denn sonst hätte es ja keinen Sinn gehabt, auf die Erhaltung dieser Klage so grossen Wert zu legen. Was wird nun erreicht mit einer Klage de fundo mancipando? Es sind zwei Möglichkeiten zu berücksichtigen: entweder der Verkäufer manzipiert aus freien Stücken oder er lässt es zu einer Verurteilung kommen. Die Manzipation verschafft dem Käufer die formula petitoria. Derselben konnte genügt werden durch Hingabe der Sache, aber auch durch Geldabfindung [48]. Wurde demnach die Manzipation verweigert, so wird schwerlich ein anderer Ausweg als das Geldurteil übrig geblieben sein.

Prüfen wir jetzt, was ein solches Geldurteil umfasste. Bei der formula petitoria wird das Eigentum abgeschätzt und auch sonstiges Interesse in Anschlag gebracht sein. Kaum geringer kann man sich den Betrag vorstellen, wenn der mit der Kaufklage de fundo mancipando Belangte die Manzipation verweigerte. Also mit beiden Klagen erlangte der Käufer so viel an Geld, als er mit der Kaufklage de uacua possessione tradenda gar nicht einmal erreichen konnte: denn Besitz ist weniger wert als Eigentum [49]. Daraus schliesse ich: bei der Kaufklage de uacua possessione tradenda wird es sich gar nicht um Geld gehandelt haben, vielmehr wird die Leistung als solche erzwungen sein.

---

48) Vgl. z. B. fr. 46, 47 R. V.; fr. 1, fr. 2 § 21, fr. 3 pro empt. 41, 4.

49) fr. 3 § 11 Uti poss. 43, 17.

Ich kann nicht alles, was für diese Annahme spricht, hierher setzen; ich werde an einem andern Orte diese Frage ausführlich behandeln. Nur auf einen Punkt will ich noch mit ein paar Worten eingehen, da er mit der Präscriptio im Zusammenhange steht.

Man pflegt sich die Sache wohl so vorzustellen, als ob der Formularprocess die Erzwingbarkeit einer Sachleistung kaum gekannt hätte [50]); und demgemäss ist man in eine Erörterung der Frage, wie weit diese Erzwingbarkeit gereicht habe, noch gar nicht eingetreten. Dem gegenüber möchte ich zunächst an die praeiudicia erinnern. So gab es z. B. ein praeiudicium de partu agnoscendo [51]). Wenn jemand behauptete, Sohn des und des zu sein, so wurde der Richter angewiesen, zu prüfen: ob der Beklagte verpflichtet sei, den Kläger als Sohn anzuerkennen. Kam nun der Richter zu dem Schlusse, dass der Anspruch des Klägers begründet, so hatte er dessen Sohneseigenschaft auszusprechen. Damit war aber die Sache schwerlich zu Ende. Vielmehr wird es Pflicht des Prätors gewesen sein, einem solchen Urteile, nötigenfalls durch Gewaltmassregeln, Nachdruck zu geben: der Vater musste den Sohn wieder bei sich aufnehmen.

Mit diesen praeiudicia hat die praescriptio eine gewisse Aehnlichkeit. Zunächst hatte sich der

---

50) Siehe z. B. Hartmann-Ubbelohde, Ordo Judiciorum, S. 517.
51) fr. 3 § 2—5 de agnosc. 25, 3.

Richter hier auch über einen Punkt auszusprechen, der nicht notwendig in einem Geldurteil zu bestehen brauchte: z. B. dass der Verkäufer verpflichtet sei, dem Käufer das Grundstück zu manzipieren, oder ihm leeren Besitz einzuräumen. Wenn nun ein solcher Ausspruch gethan, so war für das Verfahren zunächst ein Ruhepunkt gegeben. Man musste doch erst abwarten, wie diesem Spruche gegenüber sich der Beklagte wohl verhalten werde. Andererseits war durch einen solchen Spruch, der nicht auf Geld lautete, der Grund gelegt zu einem unmittelbaren Eingreifen, sei es nun des Prätors oder des Richters. In dieser Beziehung möchte ich auf folgende Stelle aufmerksam machen. Ulp. fr. 19 § 5 Loc. Cond. 19, 2.

> Si inquilinus arcam aeratam in aedes contulerit et aedium aditum coangustauerit dominus, uerius est ex conducto eum teneri et ad exhibendum actione, siue scit siue ignorauerit: officio enim iudicis continetur, ut cogat eum aditum (ampliare) et facultatem inquilino praestare ad arcam tollendam sumptibus scilicet locatoris.

Ein Mieter hat eine mit Kupfer beschlagene Kiste ins Haus gebracht. Während er dort wohnt, lässt der Eigentümer den Eingang des Hauses enger machen. Jetzt geht die Kiste nicht wieder heraus, als der Mieter ausziehen will. Hier werden ihm zwei Klagen zur Auswahl gestellt: ex conducto und ad exhibendum. Der Eingang muss auf Kosten des Vermieters wieder erweitert werden, so dass die Kiste vom Mieter mitgenommen werden kann. Die ex conducto actio kann man sich nicht wohl anders vorstellen, als ausgerüstet mit einer Präscriptio 'ea res agatur de arca tollenda'. Und wie hier ein auf Grund der Präscriptio gefällter Spruch unmittelbar erzwungen wird, könnte es sich ja auch verhalten haben mit einem Urteile, dass leerer Besitz einzuräumen sei.

Auf diese Weise ist uns gleichzeitig eine neue Eigenschaft der Klage mit Präscriptio entgegengetreten. Sie gewährt die Möglichkeit, dass vom Geldurteile abgesehen, und die Leistung als solche erzwungen wird.

2. § 5. Sonstige Entwicklung.

Die bisher betrachteten Präscriptionen dienten dazu, in solchen Fällen die Teilbarkeit eines Anspruches herbeizuführen, wo die intentio incerta Schwierigkeiten bereitete. Wir konnten in dieser Beziehung auch eine Entwicklung wahrnehmen; insonderheit hatte ein Hauptfall der Präscriptio es im Laufe der Zeit schon zu einer formula proposita gebracht. An solcher Entwicklung hat es nun in dieser Beziehung weder vor noch nach Gajus ebenfalls nicht gefehlt. Darauf soll hier in aller Kürze eingegangen werden, damit das Bild, welches Gajus uns gewährt, nicht als ein gar zu abgerissenes erscheine.

Auf dem Gebiete des ädilizischen Ediktes wird es für die beiden Hauptklagen Präscriptionen dieser Art gar nicht gegeben haben. Andererseits gestattete man eine mehrmalige Anstellung der quanto minoris;

jedenfalls war die Sache zu Julians Zeiten ausser Zweifel.

Ulp. fr. 31 § 16 de aed. ed. 21, 1.

> Si quis egerit quanto minoris propter serui fugam, deinde agat propter morbum, quanti fieri condemnatio debeat? et quidem saepius agi posse quanto minoris dubium non est, sed ait Iulianus id agendum esse, ne lucrum emptor faciat et bis eiusdem rei aestimationem consequatur.

Bei der redhibitoria begegnen wir zwar einem praedicere, vgl. Pomp. fr. 48 § 7 eodem.

> Cum redhibitoria actione de sanitate agitur, permittendum est de uno uitio agere et praedicere, ut, si quid aliud postea apparuisset, de eo iterum ageretur.

Allein bereits Keller[52]) hat darauf hingewiesen, dass man dieses praedicere mit einer eigentlichen Präscriptio nicht verwechseln dürfe. Dies praedicere scheint nichts anderes gewesen zu sein, als eine Verwahrung des Klagenwollenden[53]), die kein besonderes Vorverfahren, wie die Präscriptio, zur Voraussetzung gehabt haben wird. — Zu bemerken ist hinsichtlich beider Klagen, dass die Intentio gar so be-

---

52) Litiscontestation, S. 529. — Röm. Civilprocess⁶ § 41 Anm. 473 und frühere Auflagen — mir sind gerade zur Hand die 4. und 5. — denkt freilich Keller bei dieser Stelle doch wieder an Präscriptio. In der 1. Auflage § 41 Anm. 481 ist die Stelle noch fortgelassen.

53) Vgl. Bethmann-Hollweg, Röm. Civilprocess, Bd. 2 S. 507 Anm. 84.

stimmt nicht lautete [54]); aber freilich haben wir es hier nicht mit einem quidquid paret N^m N^m A^o A^o dare facere oportere zu thun. Daraus möchte man zu folgern geneigt sein: dass zwischen diesen Präscriptionen pro actore und altciviler Intentio ein bestimmtes Verhältnis obwaltet, mithin sie doch wohl schon dem System der Legisactionen zu überweisen sind, trotz der Bedenken Keller's [55]).

Keller nimmt lediglich Anstoss am Namen: und allerdings scheint eine Präscriptio eine schriftliche formula vorauszusetzen und zur mündlichen legis actio nicht zu passen. Aber könnte nicht vielleicht der Name neu, die Sache schon alt sein? In dieser Beziehung möchte ich denn doch einmal ein wenig verweilen bei dem bekannten Ausspruche Cicero's de oratore I, 37 § 168:

> Quid? in his paucis diebus nonne nobis in tribunali Q. Pompeii praetoris urbani familiaris nostri sedentibus homo ex numero disertorum postulabat, ut illi, unde peteretur, uetus atque usitata exceptio daretur 'cuius pecuniae dies fuisset'? quod petitoris causa comparatum esse non intellegebat.

Der hier als redend eingeführte Crassus, den wir uns vorstellen sollen auf dem Tribunal des Q. Pompejus Rufus, Prätor urbanus im Jahre 663/91 [56]), in dessen Consilium befindlich, schildert einen Vor-

---

54) Vgl. Lenel, Ed. S. 439 fg.
55) Röm. Civilproc. § 43 a. E.
56) Wehrmann, Fasti praetorii, pag. 23.

gang: wie ein Beklagter die alte und häufig gebrauchte exceptio 'cuius pecuniae dies fuisset' gefordert habe, während sie doch für den Kläger eingeführt sei. Diese exceptio hielt man nach Hugo[57]) vor der Entdeckung von Gajus für eine replicatio. Angesichts der Darstellung bei Gajus wirft aber Hugo die Frage auf: 'konnte eine praescriptio' zu Ciceros Zeiten 'auch exceptio heissen, oder nennt sie Cicero nur in die Seele der beiden unwissenden Redner so?' Keller[58]) nimmt das letztere unbedenklich an, und dabei scheint man sich bis jetzt beruhigt zu haben. Allein ist das 'vetus atque usitata' etwa auch in die Seele der unwissenden Redner gesprochen? Damit soll dem Betreffenden ja gerade ein Vorwurf gemacht werden, dass er von einer alten häufig gebrauchten Processeinrichtung kein Verständnis gehabt habe. So werden wir denn doch wohl in der exceptio den wirklichen Namen erblicken müssen, wodurch ja auch die Verwechslung viel begreiflicher wird. Und führt uns nicht das Alter dieser Einrichtung von selber in die Zeit der Legisactionen hinein? Zumal vom Standpunkte des Crassus bezw. Cicero aus, zu deren Zeit die Legisaction noch in weitem Umfange angewandt sein wird[59]). Ferner ist exceptio in dieser Verbindung ganz gutes Latein: es heisst so viel wie 'Einschränkung'. Der Kläger will seinen Anspruch

---

57) Gesch. des röm. Rechtes,[11] S. 667.
58) Litiscontestation, S. 524.
59) Vgl. Bekker, Zeitschr. für Rechtsgesch. Bd. 5 S. 341 fg.

auf das Fällige einschränken. Freilich kommt der Ausdruck praescribere bei Cicero [60]) ebenfalls schon in diesem Sinne vor. Es werden mithin beide Ausdrücke einmal neben einander hergegangen sein, bis dann exceptio ausschliesslich in einem andern Sinne gebraucht wurde. Also liegt im Namen durchaus kein Hindernis: das, was später praescriptio genannt wurde, vom Legisactionenprocess fern zu halten. Den Einwand habe ich hoffentlich nicht zu fürchten, dass es bei Gai 4, 108 heisst: nec omnino ita, ut nunc, usus erat illis temporibus exceptionum. Denn hier ist von exceptiones im späteren Sinne die Rede.

Giebt man nun dieses Verhältnis zu zwischen den besprochenen Präscriptionen und altciviler Intentio, so folgt weiter: dass wir sie von den formulae in factum conceptae gänzlich ferne zu halten haben. Hier war ja auch Teilung in anderer Weise möglich [61]).

Dieser praescriptio pro actore — die auf dem Gebiete des ädilizischen Ediktes, soweit wenigstens die beiden Hauptklagen in Betracht kommen, keinen Fuss fasste, im übrigen aber vom Legisactionenprocess auf den prätorischen Formularprocess übertragen wurde, jedoch wohl nur auf die formulae in ius conceptae — suchte man sich dann im Laufe der Zeit hier ebenfalls zu erwehren. Von grosser Tragweite hätte in dieser Beziehung schon

---

60) Cic. de fin. 2, 1 § 3.
61) Vgl. Gai 4, 60; Bekker, Proc. Consumption, S. 82; Bethmann-Hollweg, Röm. Civilproc. Bd. 2 S. 507.

die namentlich von Labeo vertretene Ansicht werden können betreffend die Zulässigkeit des minus ponere in demonstratione [62]. Aber Labeo ist damit im allgemeinen nicht durchgedrungen, wenn sich diese Ansicht auch in besonders gearteten Fällen geltend gemacht haben wird. Auf diesem Grundgedanken beruht z. B. die Entscheidung in fr. 20 de exc. rei iudicatae 44, 2, die bereits auf den Lehrer des Labeo, Trebatius, zurückgeht: wo die Demonstratio das eine Mal gelautet haben könnte 'Quod A° A° incertum est legatum testamento Lucii Titii', das andere Mal gelautet haben wird 'Quod A° A° argentum est legatum testamento Lucii Titii'.

Beschränkter war der Standpunkt des Sabinus, indessen von Erfolg gekrönt. Er stellte in Bezug auf das Rentenlegat den Satz auf, dass hier eine Mehrheit von Legaten vorliege. Paul. fr. 4 de ann. leg. 33, 1:

> Si in singulos annos alicui legatum sit, Sabinus, cuius sententia uera est, plura legata esse ait et primi anni purum, sequentium condicionale.

So war erreicht, dass jede einzelne fällige Leistung als solche ohne weitere Beanstandung eingeklagt werden konnte. Der Satz wird mehrfach ausgesprochen [63] und auf den Gegensatz aufmerksam gemacht, der damit zwischen Rentenlegat und Stipulation auf wiederkehrende Leistungen gegeben

---

62) Gai 4, 59. Vgl. dazu Bekker, Actionen, Bd. 1 S. 345.
63) fr. 11 de ann. leg. 33, 1; fr. 1 § 16 ad leg. Falcid. 35, 2; fr. 10, 11, 12 pr. Quando dies 36, 2; c. 45 § 11 de ep. et cler. 1, 3.

war ⁶⁴). Auch bei Fideicommissen finden wir diesen Satz ⁶⁵). Aber wo man auf diese Weise gegen den mutmasslichen Willen des Testators verstiess, gelangt die Einheitlichkeit des Vermächtnisses wiederum zur Geltung ⁶⁶).

In ähnlicher Weise versuchten Sabinus und Cassius die Verpflichtung des Vormundes zu teilen. Pap. fr. 37 pr. de adm. tut. 26,7:

> Tutorem, qui tutelam gerit, Sabinus et Cassius, prout gerit, in singulas res per tempora velut ex pluribus causis obligari putauerunt.

Dass man gerade hier einsetzte, mag damit zusammenhängen, dass das alte tulelae iudicium, welches später den Namen de rationibus distrahendis führt, uns noch bei Cicero als ein certum entgegentritt ⁶⁷).

Auf dem Gebiete der Stipulation drängt man dann ebenfalls dahin, die Teilung unmittelbar ins Werk zu setzen. So lehrte schon Africanus, dass die Stipulation über ein verzinsliches Darlehen zwei Stipulationen enthalte; fr. 8 de eo quod certo loco 13,4:

---

64) Pomp. fr. 16 § 1 V. O. 45, 1; Paul. fr. 35 §. 7 M. C. D. 39, 6.

65) fr. 101 § 4 C. et D. 35, 1.

66) Scaeuola fr. 18 pr. de ann. leg. 33, 1. Der Satz nisi ostendatur u. s. w. ist interpoliert, vgl. Gradenwitz, Interp. S. 184. Ulp. fr. 12 § 4, Marc. fr. 20, Pap. fr. 26 § 2 Quando dies 36, 2.

67) Cic. de oratore 1, 36 § 166, 167. Vgl. dazu Rudorff, Vormundschaft, Bd. 3 S. 66; Karlowa, Röm. Civilprocess, S. 343 fg.

neque enim haec causa recte comparabitur obligationi usurarum: ibi enim duae stipulationes sunt.

Vor allen Dingen entwickelt sich aber bei Ulpian und Paulus der Satz: tot esse stipulationes, quot summae, totque esse stipulationes, quot res. Statt res begegnet man auch species [68]) und corpora [69]). Der Satz ist einer gewissen Dehnung fähig; es leuchtet jedoch ein, dass, soweit dieser Satz reicht, für die besprochenen Präscriptionen pro actore kein Raum mehr bleibt. Der Satz soll nach Ulpian fr. 29 pr. V. O. nicht bedeuten: tot sunt stipulationes, quot nummorum corpora. Er soll nach ihm, fr. 86 eod., nur da zur Anwendung kommen: ubi res exprimuntur. Dies ist nach d. fr. 29 pr. nicht der Fall bei einer stipulatio familiae uel omnium seruorum, eben so wenig bei einer stipulatio quadrigae aut lecticariorum [70]). Ferner nicht bei einer stipulatio legatorum, z. B.: quod ex testamento mihi debes, dare spondes? [71]). Wohl aber, si quis illud et illud stipulatus sit. Insonderheit wird diesem Satze die Stipulation über ein verzinsliches Darlehen eingereiht, fr. 75 § 9 V. O. — Die Ulpian'sche Hauptstelle, fr. 29 pr. V. O., ist entlehnt dem 46ten Buche seines Sabinuscommentares; aus demselben Buche

---

68) fr. 29 pr., fr. 134 § 3 V. O.
69) fr. 1 § 5 V. O.
70) Dasselbe sagt vom Legate Paulus fr. 2 Leg. 2, während Celsus fr. 79 pr. Leg. 3 hier anderer Meinung gewesen zu sein scheint.
71) fr. 75 § 6 V. O.

stammt fr. 32 de eu. 21,2, das für uns sein ganz besonderes Interesse hat. Es wäre diese Stelle eigentlich, ebenso wie die beiden voraufgehenden, dem Titel de aedilicio edicto einzuverleiben gewesen [72]). Ulpian führt hier aus: wenn jemand sich stipulationsweise versprechen lasse 'fugitiuum non esse, erronem non esse' und was sonst in Gemässheit des ädilizischen Ediktes versprochen würde, so liege eine Mehrheit von Stipulationen vor. Damit ist für diese Stipulationen derselbe Standpunkt gewonnen, den wir Julian für die quanto minoris einnehmen sahen; und an diesen Ausspruch Julian's lehnt sich Ulpian ausdrücklich an, d. fr. 32 § 1:

> Ergo et illud procedit, quod Julianus libro quinto decimo digestorum scribit.

Von Paulus liegen folgende Aussprüche vor. Zunächst heisst es fr. 83 § 4 V. O.

> Item si ego plures res stipuler, Stichum puta et Pamphilum, licet unum spoponderis, teneris: uideris enim ad unam ex duabus stipulationibus respondisse.

Das entspricht dem illud et illud bei Ulpian fr. 29 pr. V. O., sowie dem fr. 1 § 5 V. O. — Ferner gehen auf einen und denselben Grundgedanken zurück fr. 134 § 3 V. O.

> Idem respondit, quotiens pluribus specialiter pactis stipulatio omnibus subicitur, quamuis una interrogatio et responsum unum subiciatur,

---

72) Schultingii notae tom. 4 pag. 113, 114.

> tamen proinde haberi, ac si singulae species in stipulationem deductae fuissent.

und fr. 140 pr. V. O.

> Pluribus rebus praepositis, ita stipulatio facta est: 'ea omnia, quae supra scripta sunt, dari'? propius est, ut tot stipulationes, quot res sint.

Hier ist verallgemeinert, was Ulpian bei den an das ädilizische Edikt sich anlehnenden Stipulationen befürwortete. Somit kann denn jeder Vertrag, der verschiedenartige Bestimmungen enthält, durch angehängte Stipulationsklausel zu einem teilbaren gemacht werden, ohne dass es einer praescriptio pro actore bedarf. Man denke sich z. B. einen Kaufvertrag mit angehängter Stipulationsklausel, in dem vereinbart wäre: dass das Grundstück am 1. April manzipiert und am 1. Juli leerer Besitz eingeräumt werde. Auf Grund eines solchen Vertrages sind zwei Klagen möglich: die eine etwa mit der Demonstratio 'Quod A^s A^s de N^o N^o fundum Kalendis Aprilibus mancipari stipulatus est', die andere mit einer auf 'uacuam possessionem tradi' lautenden Demonstratio. — Endlich komme ich hier noch einmal zurück auf fr. 140 § 1 V. O.[73]:

> De hac stipulatione: 'annua bima trima die id argentum quaque die dari'? apud ueteres uarium fuit. Paulus: sed uerius et hic tres esse trium summarum stipulationes.

Hatte man einmal den Satz 'tot sunt stipulationes quot summae', so war es nur ein kleiner Schritt:

---

[73] Vgl. zu dieser Stelle oben § 1 S. 5.

eine Stipulation mit einer Summe und drei Zahlungsterminen ebenfalls als eine auf drei Summen gerichtete Stipulation aufzufassen. Denn wer annua bima trima die triginta, versprach in der That dena per singulos annos [74]). Ich habe freilich oben auszuführen gesucht, dass die Stelle, soweit Neratius in Betracht kommt, interpoliert sei. Aber am Latein des Paulus ist kein Anstoss zu nehmen, und von seinem Standpunkte aus wäre diese Entscheidung auch sachlich sehr wohl begreiflich. Nur dass Paulus auf diese Weise mit sich selber in Widerspruch gerät: denn in fr. 35 § 7 libro sexto ad legem Iuliam et Papiam, M. C. D. 39, 6 erklärt er eine Stipulation mit jährlich wiederkehrenden Leistungen ausdrücklich für eine einheitliche. — Die einfachste Lösung dieses Widerspruches ist doch wohl die, dass wir voraussetzen: Paulus habe im Laufe der Zeit seine Ansicht geändert. Dann würde sein Commentar zur lex Iulia et Papia später geschrieben sein, als sein Commentar zu Neratius. Dieser Annahme stände wenigstens nichts im Wege; andererseits gewähren freilich die Schriften des Paulus überhaupt nur spärliche Anhaltspunkte für eine nähere Zeitbestimmung [75]). So kommt im 7. Buche ad legem Iuliam et Papiam wohl ein diuus Antoninus vor [76]). Wer ist aber dieser Antoninus? Fitting

---

74) Vgl. fr. 8 § 3 de pign. act. 13, 7; fr. 3 pr. de ann. leg. 33, 1.

75) Vgl. Fitting, Alter der Schr. R. J. S. 44 fg.; Mommsen, Zeitschr. f. Rechtsgesch. Bd. 9 S. 114 fg.

76) fr. 13 § 7 de iure fisci 49, 14.

denkt an Marcus. Möglich bleibt indes auch Caracalla und selbst Elegabalus. Darnach könnte dieser Commentar vor Caracalla, unter Caracalla, nach Caracalla und selbst unter Severus Alexander geschrieben sein. Den Commentar zum Neratius zählt **Fitting** den früheren Werken des Paulus zu. Das dafür angeführte Scaevola noster [77]) ist jedoch eine sehr unsichere Stütze. — Mag es sich indes mit diesem Widerspruche verhalten, wie es will. Jedenfalls muss der in fr. 140 § 1 V. O. uns entgegentretende Satz einmal entstanden sein. Und ebensowenig ist zweifelhaft, dass dieser Satz die bei Gajus 4, 136 erwähnte formula proposita als überflüssig erscheinen lässt. Denn wenn eine Stipulation auf annua bima trima die triginta dari gleichgesetzt wird drei Stipulationen auf je zehn; so konnte ja jede einzelne Leistung mit der condictio certae pecuniae in dieser Weise geltend gemacht werden: si paret $N^m N^m A^o A^o$ decem dare oportere etc.

So sehen wir denn: wie der Satz 'tot sunt stipulationes quot summae, totque sunt stipulationes, quot res' auf dem Gebiete der Stipulation kaum noch Raum lässt für die besprochenen Präscriptionen pro actore. Insonderheit bereitet es Paulus und Ulpian keine Schwierigkeit mehr, dass eine und dieselbe Stipulation durch Eintritt der betreffenden Bedingung mehrmals verfallen kann [78]). Dagegen haben zwei

---

77) fr. 18 § 1 N. G. 3, 5.
78) Paul. fr. 34 § 1 de rec. 4, 8; Ulp. fr. 1 § 6 Usufructuarius quemadm. 7, 9; fr. 3 § 9 Si cui plus 35, 3.

verwandte Stellen von Pomponius und Scaevola [79]), auf welche Bethmann-Hollweg [80]) aufmerksam gemacht, augenscheinlich von Präscriptionen gehandelt, unter den Händen der Compilatoren indes so gelitten, dass sie kaum noch zu verstehen sind: bemerkenswert ist in dieser Beziehung namentlich der Schluss 'quod uerum non est' bezw. 'quod non est uerum'.

Wir sahen ferner, wie mittelst der Stipulationsklausel obiger Satz auch auf das sonstige Gebiet des Obligationenrechts übertragen wurde. Das bedeutet: in weitem Umfange Befreiung von der Präscription. Andererseits ist aber gar nicht zu verkennen: dass wir hier der condictio certi generalis zusteuern. Auf diesen Zusammenhang zwischen der praescriptio pro actore und der betreffenden condictio habe ich bereits an einem andern Orte aufmerksam gemacht [81]).

Was mittelst Stipulationsklausel zu erreichen, sollte das nicht auch ohne dieselbe gehen? Ob nach dieser Richtung hin zu Ulpian's und Paulus' Zeiten ebenfalls schon eine Entwicklung zu verzeichnen, ist ein zweifelhafter Punkt. Zunächst mag

---

79) Pomp. fr. 18 Ratam rem 46, 8; Scaeu. fr. 133 V. O.
80) Röm. Civilproc. Bd. 2 S. 505.
81) Mora des Schuldners, Bd. 2 S. 503 fg. Vgl. wegen dieser condictio ferner Keller, röm. Civilproc.[6] § 88 S. 462; Bekker, Aktionen, Bd. 1 S. 136 fg.; Baron, Condictionen, S. 93 fg.; Zachariä von Lingenthal, Zeitschr. für Rechtsgesch. Bd. 19 S. 7.

in dieser Beziehung näher betrachtet werden Ulp. fr. 23 de exc. rei iud. 44, 2.

> Si in iudicio actum sit usuraeque solae petitae sint, non est uerendum, ne noceat rei iudicatae exceptio circa sortis petitionem, quia enim non competit, nec opposita nocet, eadem erunt et si quis ex bonae fidei iudicio uelit usuras tantum persequi: nam nihilo minus futuri temporis cedunt usurae: quamdiu enim manet contractus bonae fidei, current usurae.

Am Anfang der Stelle hat schon Huschke[84]) mit Recht Anstoss genommen. 'Si in iudicio actum sit' ist Compilatorenlatein: denn dass eine Klage vor Gericht angebracht werde, ist doch wohl selbstverständlich. Huschke vermutet: si imperio continenti iudicio actum sit. Ich glaube, dass etwa dagestanden hat: si legitimo iudicio siue imperio continenti ex stipulatu sine praescriptione actum sit. Denn es ist nicht bloss die Rede von einer rei iudicatae exceptio opposita, sondern auch von einem non competit. Das eine entspricht dem 'necessaria est exceptio rei iudicatae' bei Gai 4, 106; das andere dem 'ipso iure de eadem re agi non potest' bei Gai. 4, 107. Diesen Gegensatz haben die Compilatoren gestrichen, ebenso sine praescriptione; aus übergrossem Eifer auch gleich das ex stipulatu, das wir doch nötig haben wegen des späteren ex bonae fidei iudicio. Das 'in' neben iudicio ist dann ihre Zuthat. — In Gemässheit des schon von African in fr. 8 de eo quod certo loco

---

84) Gajus S. 185.

13, 4 aufgestellten und des von Ulpian in fr. 75 § 9 V. O. selber bethätigten Grundsatzes ist das Erfordernis einer Präscription bei dieser Stipulationsklage zurückzuweisen. Auch wird das Fehlen der Präscription wohl ausgedrückt gewesen sein, weil beim Vorhandensein einer Präscription die ganze Erörterung zu selbstverständlich wäre. Nun fährt Ulpian fort: eadem erunt et si quis ex bonae fidei iudicio uelit usuras tantum persequi. Also wenn Zinsen mit einer gutgläubigen Klage gefordert werden, ist ebenfalls keine Präscription erforderlich. Paul Krüger[85]) bildet eine Präscriptio 'Ea res agatur de pretii usuris'. Allein wenn man einmal präscribieren wollte, so hätte man ja nur gleich cuius rei dies fuit hinzufügen können. So scheint denn Ulpian bei gutgläubigen Obligationen eine selbständige Zinsenklage zu gewähren, die sogar wiederholt werden konnte: quamdiu enim manet contractus bonae fidei, current usurae. War freilich mit gutgläubiger Klage das Kapital ohne die Zinsen eingeklagt, so blieb kein Zinsenanspruch übrig[86]). — Wie man sich diese selbständige Zinsenklage vorzustellen hat, ist freilich schwer zu sagen. Zunächst ist von actum, das zweite Mal von persequi die Rede. Soll man hier denselben Gegensatz zu Grunde legen, wie er uns bei Gai 2, 282 zwischen 'agitur' und 'persecutio est' entgegentritt? Dann wäre dieser Zinsenanspruch auf dem Wege der extraordinaria cognitio geltend ge-

---

85) Processualische Consumtion, S. 79.
86) c. 4 Depositi 4, 34; c. 13 de usuris 4, 32.

macht [85]). Oder soll man an die condictio certi generalis denken? Dazu würde passen, dass sich diese ausgesprochenermassen auf das Fällige [86] beschränkte. Und könnte nicht am Ende gar der Ursprung bezw. die Weiterentwicklung dieser condictio certi generalis, die eine gewisse Feindseligkeit gegen den hergebrachten Formalismus verrät [87]), auf dem Gebiete der extraordinaria cognitio zu suchen sein [88])?

Eine andere in diesem Zusammenhange schon von Keller [89]) betrachtete Stelle ist Paulus fr. 22 de exc. rei iud. 44, 2:

et si actum sit cum herede de dolo defuncti, deinde de dolo heredis ageretur, exceptio rei iudicatae non nocebit, quia de alia re agitur.

---

85) Persecutio ist zwar nicht gleichbedeutend mit extraordinaria cognitio, aber ein weiterer Begriff als actio, der als solcher die extraordinaria cognitio mit umfasst und daher auch zu actio in Gegensatz treten kann. Vgl. Ulp. fr. 10, fr. 178 § 2 V. S. 50, 16. Zu weit geht einerseits Wlassak, Rechtsquellen, S. 75, 76; andererseits aber auch Hartmann-Ubbelohde, Röm. Gerichtsverfassung, S. 477. Ebensowenig kann ich Bruns, Zeitschr. für Rechtsgesch. Bd. 12 S. 118 zustimmen, welcher actio petitio persecutio der lex coloniae Gen. c. 128, sowie agere petere persequi der lex Mal c. 65 'eine sinnlose Häufung der Ausdrücke' nennt. Vgl. Ulp. fr. 49 V. S. 50, 16.

86) Ulp. fr. 9 pr. R. C. 12, 1: dummodo praesens sit obligatio. Vgl. dazu Mora, Bd 2 S. 503, 520.

87) Mora, Bd. 2 S. 521.

88) Einige Litteratur über das vielbesprochene fr. 23 de exc. rei iud. habe ich zusammengestellt Mora, Bd. 2 S. 599. Vgl. ferner Carus, Die selbständige Klagbarkeit der gesetzl. Zinsen, S. 43 fg. und die daselbst Anm. 23 angeführten Schriftsteller.

89) Litiscontestation, S. 538 fg.

Es handelt sich um ein Depositum. Beziehen wir diesen Ausspruch mit Ribbentrop[92]) und Ubbelohde[93]) auf die in factum concepta formula, so liegt nicht die mindeste Schwierigkeit vor. Aber selbst wenn wir annehmen wollten, dass wegen Dolus des Erblassers mit der in ius concepta formula geklagt sei, würde sich eine nachträgliche in factum concepta formula wegen Dolus des Erben rechtfertigen in Gemässheit des in fr. 21 pr. de exc. rei iud. uns entgegentretenden Grundsatzes: dass im voraufgehenden Rechtsstreite weder die Parteien noch der Richter an etwas anderes als den Dolus des Erblassers gedacht hätten.

Endlich will ich noch ein paar Stellen betreffend die Evictionsverbindlichkeit hierhersetzen. Africanus fr. 47 de eu. 21, 2:

> Si duos seruos quinis a te emam et eorum alter euincatur, nihil dubii fore, quin recte eo nomine ex empto acturus sim, quamuis alter decem dignus sit, nec referre, separatim singulos an simul utrumque emerim.

Ulp. fr. 33 A. E. V. 19, 1:

> Et si uno pretio plures res emptae sint (et quaedam earum uel omnes euictae sint), de singulis ex empto et uendito agi potest.

Callistratus fr. 72 de eu. 21, 2:

> Cum plures fundi specialiter nominatim uno instrumento emptionis interposito uenerint, non

---

92) Correalobligationen, S. 140.
93) Zur Geschichte der benannten Realcontracte, S. 27.

utique alter alterius fundus pars uidetur esse, sed multi fundi una emptione continentur. et quemadmodum, si quis complura mancipia uno instrumento emptionis interposito uendiderit, euictionis actio in singula capita mancipiorum spectatur, et sicut aliarum quoque rerum complurium una emptio facta sit, instrumentum quidem emptionis interpositum unum est, euictionum autem tot actiones sunt, quot et species rerum sunt quae emptione comprehensae sunt: ita et in proposito non utique prohibebitur emptor euicto ex his uno fundo uenditorem conuenire, quod una cautione emptionis complures fundos mercatus comprehenderit.

Bei der ersten Stelle kann man wegen des 'eo nomine' zur Not noch an praescriptio pro actore denken. Zweifelhafter wird die Sache schon bei der zweiten. Nach den Pandektenhandschriften spricht Ulpian sogar ganz allgemein. Allein man wird mit Mommsen nach dem Tipucitus diesen Ausspruch auf die Evictionsverbindlichkeit beschränken müssen. Die dritte Stelle schliesst nach meinem Dafürhalten den Gedanken an eine Präscriptio aus. Indem zuvörderst die Einheitlichkeit des Kaufgeschäfts betont wird, heisst es in Bezug auf die Evictionsverbindlichkeit: so viel Klagen, so viel Sachen. Das erinnert doch lebhaft an das 'tot esse stipulationes quot species sunt'. Wegen des 'cautione emptionis' möchte man vielleicht an eine Stipulationsklausel denken wollen. Allein cautio in der Kaiserzeit heisst nicht bloss Stipulationsurkunde, sondern hat auch eine allgemeinere Bedeutung [94]): cautio emptionis ist dasselbe wie vorhin instrumentum emptionis.

Bei Erklärung dieser letzten Stelle müssen wir berücksichtigen, dass sie stark interpoliert ist [95]). Statt euictionis actio stand da auctoritas; der ohne alle Verbindung dastehende Satz 'sicut aliarum quoque rerum complurium una emptio facta sit' wird als Zuthat der Compilatoren ganz zu streichen sein — Lenel glaubt ihn durch Hinzufügung von mancipi zu rerum, Mommsen durch Einschiebung eines si halten zu können —; und die Regel, welche uns hier näher angeht, hat gelautet: auctoritates tot sunt, quot et species rerum sunt. Wer auctoritatis verpflichtet war, hatte in erster Linie dem Käufer und Manzipatar, wenn ihm die Sache abgestritten werden sollte, vor Gericht Beistand zu leisten [96]). Ursprünglich wird wegen jeder einzelnen Sache eine besondere Manzipation nötig gewesen sein [97]). Später ist es zulässig, mehrere Sachen zugleich zu manzipieren [98]). Wenn nun von mehreren Sachen, die verkauft und manzipiert waren, eine einzelne evinciert wurde? Es leuchtet ein, dass auch hier der Verkäufer als auctor eintreten musste. So hat denn die auctoritatis actio die Fähigkeit in sich, eine auf mehrere Sachen gerichtete Verkaufsverpflichtung

---

94) Gneist, Form. Verträge, S. 236 fg.
95) Lenel, Ed. S. 426, Palingen. No. 99.
96) Karlowa, Röm. Civilprocess, S. 76; Bechmann, Kauf, Bd. I S. 118.
97) Jhering, Geist, Bd. 3? S. 143; Manzipationsurkunde der Poppaea und dazu Eck, Ztschr. für Rtsgesch. R. A. Bd. 22 S. 87.
98) Ulp. 19, 6.

aufzulösen. Dies wird Ausdruck gefunden haben in dem Satze: auctoritates tot sunt, quot et species rerum sunt. Er wird als bestehend vorausgesetzt beim Verkaufe mehrerer Sklaven und von Callistratus auf den Verkauf mehrerer Grundstücke übertragen. Wie verhält es sich mit der stipulatio duplae? Dass hier, sofern es sich um Mängel handelt[99]), die Stipulation als eine Mehrheit aufgefasst wurde, sagt Ulpian ausdrücklich. Dasselbe wird unbedenklich für die Eviction anzunehmen sein. So könnten ja nun auch African und Ulpian die ex empto actio, sofern sie eine Evictionsleistung bezweckt, ausnahmsweise ohne weiteres als teilbare Klage behandelt haben. Ob Marcian in dieser Beziehung anderer Meinung war, oder ob fr. 46 § 1 Sol. aus sachlichen Gründen zu erklären ist[100]), mag hier unerörtert bleiben.

Nach alledem sieht es nicht so aus, als ob die hier betrachtete Präscriptio auf dem Gebiete der gutgläubigen Obligation zur Zeit des Ulpian und Paulus schon sehr an Bedeutung verloren hätte. Damit hängt zusammen, dass sie noch in vielen Pandektenstellen leicht erkennbar ist. Keller[101]) hat bereits hingewiesen auf die Präscription de cautione praestanda bei Papinian in fr. 41 de iud. 5, 1 sowie die Präscriptionen bei Paulus in fr. 24 § 2 u. 3 Loc. cond. 19, 2. Ferner sind wir schon begegnet einer

---

99) Denn nur diese werden fr. 32 pr. de eu. ins Auge gefasst sein. Vgl. Bechmann a. a. O. S. 402.
100) Vgl. zu dieser Stelle Brinz, Pand. Bd. 2² § 280 Anm. 12; Ernst, Leistung an Zahlungsstatt, S. 39 fg.
101) Röm. Civilproc.⁶ § 41 Anm. 473.

Präscription de arca tollenda bei Ulp. fr. 19 § 5 Loc. cond. Weiter wären zu erwähnen folgende Präscriptionen. Bei actio ex uendito: Ulp. Seruius fr. 13 § 30 A. E. V.: ut inquilino liceat habitare, uel colono ut perfrui liceat ad certum tempus ... ex uendito esse actionem. Paul. Trebatius fr. 21 § 6 eodem. Paul. Labeo fr. 53 § 2 eodem. Gai. fr. 25 § 1 Loc. cond., Pap. fr. 19 pr. de per. et com., c. 9 de loc. et cond. 4, 65 vom Jahre 234. Ulp. fr. 13 pr. Com. praed. 8, 4: ne contra eum piscatio thynnaria exerceatur. Paul. Nerua Proculus fr. 13 Qui potiores 20, 4: prioris anni pensionem mihi, sequentium tibi accessuram pignorumque ab inquilino datorum ius utrumque secuturum. Pomponius fr. 6 § 1 A. E. V.: ut reficias. fr. 6 § 1 C. E.: ut fundus inemptus foret etc. Ulp. fr. 4 pr. de lege comm. 18, 3. c. 3 de pactis inter empt. et uend. 4, 54. Pap. fr. Vat. 14. Paulus fr. 21 § 5 A. E. V.: ut nulli alii fundum quam mihi uenderes. Ulp. fr. 4 § 4 de in diem add. 18, 2: qui emit fundum in diem. c. 2 de pactis inter empt. et uend. 4, 54: ut fundus si emptori pretium obtulissent restitueretur etc. Iauolenus fr. 79 C. E. 18, 1: ut emtor alteram partem conductam habeat. Hermog. fr. 75 eodem. Paul. fr. 21 § 4 A. E. V. 19, 1. Bei actio ex empto: Ulp. Tubero fr. 13 § 30 A. E. V.: ut ex locato cum colono experiatur, ut quidquid fuerit consecutus, emptori reddat. Labeo fr. 58 pr. Loc. cond. 19, 2. Labeo Paul. fr. 53 pr. A. E. V. 19, 1. Ulp. Celsus fr. 13 § 16 eodem. Paulus Sabinus fr. 6 de resc. uend. 18, 5: ut res quae uenit, si intra certum tempus displicuisset, redderetur. Bei actio empti uenditi Ulp.

fr. 16 de in diem add. 18, 2: cum melior condicio fuerit allata. Bei actio ex conducto: Paul. fr. 24 § 4 Loc. cond. 19, 2: utiliter ex conducto agit.. siue prohibeatur frui a domino uel ab extraneo quem dominus prohibere potest. Bei actio ex locato: Ulp. Labeo fr. 11 § 4 Loc. cond. 19, 2: ne in uilla urbana faenum componeretur. Bei actio commodati: Ulp. Labeo fr. 5 § 12 Comm. 13, 6: competere tibi ad hoc dumtaxat commodati, ut tibi actiones aduersus eum praestem. Bei actio pro socio: Ulp. fr. 58 § 2 pro socio 17, 2: duabus autem actionibus agendum esse.. cum patre de eo, cuius dies ante emancipationem cessit. Bei rei uxoriae actio: Ulp. Mela fr. 24 § 2 S. M. 24, 3: mulieri satisdandum est de solutione dotis post certum tempus.

Dagegen auf dem Gebiete der Stipulation hat die Rechtsregel 'tot sunt stipulationes quot res' mit unserer Präscriptio aufgeräumt. Es könnte auffallend erscheinen, dass die Stipulatio hier den gutgläubigen Obligationen in der Entwicklung vorangeht. Vielleicht erklärt sich die Sache in folgender Weise. Die Eigentümlichkeit des Formularprocesses besteht darin, dass die Formel, also die eigentliche Klage, vom Magistrate festgestellt wird. Die Legisactionen befanden sich zwar thatsächlich in der Obhut der Pontifices [102]; aber nicht von Rechts wegen, worauf uns das bei Gai 4, 11 überlieferte Beispiel hinweisen dürfte. Insofern hat also die Bevormundung der

---

102) Pomp. fr. 2 § 6, O. J. 1, 2: actiones apud collegium pontificum erant, ex quibus constituebatur, quis quoquo anno praeesset priuatis — vielleicht priuatis iudiciis.

Parteien im Formularprocesse Fortschritte gemacht. Die Parteien sind gehalten, sich entweder der vom Prätor bezw. den Aedilen angeschlagenen Formeln zu bedienen, oder die Formel wird im einzelnen Falle durch besonderes Dekret festgesetzt [103]). Man kann demnach sagen: die formula ist entweder edictalis oder decretalis. Hingegen im Justinianischen Processe wird, ebenso wie im heutigen, die Klage von den Parteien angefertigt. Ganz freilich kann auch der Formularprocess der Mitwirkung der Parteien nicht entbehren. Und diese Selbstthätigkeit der Parteien ist von jeher grösser gewesen bei den Klagen aus Stipulation, wie bei den gutgläubigen Klagen. So überliefert uns Gai 4, 53^d für Stipulationen die Regel: sicut ipsa stipulatio concepta est, ita et intentio formulae concipi debet. Die Parteien hatten also auf Grund der abgeschlossenen Stipulation die Intentio zu bilden. Andererseits war für stipulatio incerta im Edikt des Prätors zwar die Demonstratio gegeben: quod A^s A^s de N^o N^o incertum est stipulatus. Aber diese Demonstratio war in Wirklichkeit kaum etwas anderes als ein Blanket, weil das in Frage stehende Rechtsgeschäft von den Parteien näher angegeben werden musste. Dagegen bei den gutgläubigen Obligationen hatte der Klagenwollende von den im Album stehenden Demonstrationen sich die für den einzelnen Fall passende auszusuchen. Wenn keine recht passen wollte [104]), so

---

103) Einzelne Beispiele bei Keller, Röm. Civilproc.^{6} § 50 Anm. 574, es giebt aber deren viel mehr.

104) Vgl. fr. 1 § 1, 2 de praesc. verb. 19, 5.

musste der Prätor angegangen werden: damit er vor die intentio incerta bestimmte Worte setze, die das Sachverhältnis, um das es sich handelte, näher darlegten [105]). Während demnach bei der stipulatio incerta die Parteien im Grunde genommen die Demonstratio selber zu bilden hatten, ist von einer solchen Selbstthätigkeit der Parteien bei den gutgläubigen Obligationen keine Rede. Diese Selbstthätigkeit der Parteien macht nun Fortschritte. So gut der Klagenwollende die Demonstratio zu vervollständigen hatte, wenn die Stipulation sich bloss auf domum aedificari erstreckte; warum sollte er nicht ebenso berechtigt sein, aus einer Stipulation, die daneben noch fossam fodiri und vacuam possessionem tradi umfasste, dieses eine domum aedificari herauszunehmen? Und wie in diesem Falle durch die Regel 'tot sunt stipulationes quot res' die Klage mit Präscription, ist andererseits durch die Regel 'tot sunt stipulationes quot summae' die formula proposita bei Gai 4, 136 beseitigt worden. Wir stehen hier an einem Wendepunkte der Entwicklung. Die Parteien fangen an, sich über die vom Prätor angeschlagenen, bezw. von ihm zu erbittenden Formeln hinwegzusetzen, indem sie eigne Formeln an die Stelle setzen. Und wie es kam, dass diese Neuerung gerade bei der Stipulation einsetzte: glaube ich im obigen erklärt zu haben.

Ueberblicken wir jetzt zum Schlusse, was sich

---

[105] fr. 2 eodem: nam cum deficiant uulgaria atque usitata actionum nomina, praescriptis uerbis agendum est.

uns ergeben hat. Die hier betrachteten Präscriptionen sind uralt, wenn auch der Name neu ist. Der alte Name war exceptio, im Sinne von Einschränkung. Dass die Sache schon im Legisactionenprocess vorhanden war: dafür spricht auch der Umstand, dass diese Präscriptio einer intentio in ius concepta bedarf, an die sie sich anlehnt. Bei formula in factum concepta ist für sie kein Raum. Insonderheit nicht bei den beiden Hauptklagen des ädilizischen Ediktes, denn diese waren in factum konzipiert [106]); und dadurch wird einigermassen zweifelhaft, ob der ädilizische Process diese Präscriptio überhaupt gekannt habe. Die Klage mit Präscriptio hat ihre grossen Unbequemlichkeiten: weil ein Vorverfahren durchgemacht werden musste, bevor es zur Litiscontestation kam. Deshalb hat es an Versuchen nicht gefehlt, sie abzuwerfen. Von weittragender Bedeutung hätte hier der Satz des Labeo, und wohl schon des Trebatius, werden können: dass ein minus ponere in demonstratione zulässig sein müsse. Aber wir finden von diesem Satze nur selten Gebrauch gemacht. Weniger Schwierigkeiten wird es bereitet haben, dort nachträglich Klagen zu gewähren, wo neben einer in ius concepta eine in factum concepta formula vorhanden war. Auf beschränktem Gebiete sehen wir Sabinus thätig werden. Er setzt in Bezug

---

106) Man darf sich dadurch nicht irre machen lassen, dass neben der formula redhibitoria besondere actiones in factum erwähnt werden: fr. 31 § 17 de aed. ed.; fr. Vat. 14. Hier hat in factum actio keine andere Bedeutung als: Erweiterung der redhibitorischen Grundsätze durch eine selbständige Klage.

auf das Rentenlegat den Satz durch, dass hier eine Mehrheit von Legaten vorliege. In ähnlicher Weise versuchten Sabinus und Cassius die Verpflichtung des Vormundes zu teilen. Später tauchen die beiden Sätze auf: 'auctoritates tot sunt, quot et species rerum sunt' und 'tot sunt stipulationes quot res' bezw. 'quot summae'. Dass beide Sätze auf einem und demselben Grundgedanken beruhen, ist klar: welcher Satz mag der ältere sein? Callistratus im zweiten Buche seiner Quästionen, einem Werke, das nach Fitting[107]) unter der Alleinregierung des Severus (193—198) geschrieben sein könnte, setzt den Satz 'auctoritates tot sunt etc.' beim Verkaufe mehrerer Sklaven bereits voraus und überträgt ihn auf den Verkauf mehrerer Grundstücke. Der Satz 'tot sunt stipulationes quot res' bezw. 'quot summae' tritt uns erst bei Ulpian und Paulus entgegen. Als einen Vorarbeiter lernten wir zwar Africanus kennen. Aber Scävola im 13. Buche seiner Quästionen, fr. 133 V. O., macht von diesem Satze doch noch keinen Gebrauch. Nach Fitting[108]) ist dieses Quästionenwerk frühestens unter Commodus (177—192), jedenfalls vor dem Jahre 195 abgefasst. So hat es denn fast den Anschein: als ob der Satz 'auctoritates tot sunt, quot et species rerum sunt' der ältere wäre, dem der andere 'tot sunt stipulationes quot res' bezw. 'quot summae' nachgebildet worden.

---

107) Alter, S. 27.
108) Alter, S. 26, 27.

II. Andere Präscriptionen.

1. § 6. Präscriptio aus Stipulationen Gewaltunterworfener.

Die Darstellung des Gajus bricht mitten in einem Satze ab, der von einer Präscriptio pro reo handelt, der Präscriptio 'ea res agatur si praeiudicium hereditati non fiat'. Hierauf folgt eine dreimal beschriebene äussere Seite eines Blattes, die bisher nicht gelesen worden, und von der Studemund behauptet, dass sie schwerlich jemals entziffert werden dürfte. Verschiedene Vermutungen, was hier gestanden haben könnte, bei Keller[109]. Wir wollen uns bei dieser Lücke nicht länger aufhalten. Es möchte uns sonst ähnlich ergehen, wie jenen Schriftstellern, die vor Auffindung der gajanischen Institutionen durchaus den Inhalt vom zweiten Kapitel des Aquilischen Gesetzes ergründen wollten.

Auf diese Lücke folgt dann das einzige nicht überschriebene Blatt, das eine gewisse Berühmtheit erlangt hat. Maffei war es bereits bekannt, er handelt davon in seinen opusc. ecclesiastici vom

---

[109] Röm. Civilproc. " S. 209.

Jahre 1742[110]); und Haubold ging damit um, diese alte Nachricht durch ein Programm zu erneuern[111]): als bereits Niebuhr an Savigny Kunde hatte gelangen lassen von seinen glücklichen Funden in Verona[112]). Das hier in Frage kommende Blatt beginnt mitten in einem Worte, und dann folgt gleich wieder eine kleine Lücke. Nach meinem Dafürhalten ist in dieser Weise zu ergänzen. Gai 4, 134:

> (Quaedam praeterea sunt praescriptiones, quae ex stipulatione seruorum aut ex pacto proficiscuntur. Si quidem ex stipulatione seruorum agamus in praescrip)tione formulae des(ignandum) est, cui dare oportet, et sane domino dare oportet, quod seruus stipulatur; ad (at) in praescriptione de pacto quaeritur, quod secundum naturalem significationem uerum esse debet. § 135. Quaecumque autem diximus de seruis, eadem de ceteris quoque personis, quae nostro iuri subiectae sunt, dicta intellegemus.

Der Anfang ergiebt sich im allgemeinen aus dem, was nachfolgt. Die Hauptfrage ist zunächst: was mit tione anzufangen. Savigny[113]) vermutete sofort praescriptione. Die neuesten Herausgeber treten fast einstimmig für intentione ein, nämlich:

---

110) Siehe Savigny, Zeitschr. für gesch. Rechtsw. Bd. 3 S. 136 fg.

111) Savigny a. a. O. S. 135.

112) Lebensnachrichten über Barthold Georg Niebuhr, Bd. 2, Hamburg 1838, S. 235 fg.

113) a. a. O. S. 140.

Krüger und Studemund, Huschke, Gneist, Muirhead, Dubois; nur Polenaar befürwortet demonstratione.

Dieses demonstratione ist nun sicher verkehrt, da ein dare oportet in Frage steht. Aber auch die Erweiterung des tione zu intentione hat ihre Bedenken.

Die Stipulationen der Sklaven konnten nach Julian [114]) entweder auf den Namen des Sklaven oder des Herrn gestellt sein oder auch den Namen des Gläubigers ganz fortlassen. Eine vierte Möglichkeit ist dann noch die Stipulation auf den Namen eines Mitsklaven [115]). Erinnern wir uns nun des Satzes 'alteri stipulari nemo potest' [116]), so werden wir die Stipulationen auf den Namen des Herrn oder eines Mitsklaven als jüngere Rechtsbildung hier ausser Betracht lassen können. Für die Bildung der Intentio ist aber folgende Rechtsregel massgebend: sicut ipsa stipulatio concepta est, ita et intentio formulae concipi debet [117]). Setzen wir jetzt eine Stipulationsurkunde von folgender Fassung: decem dari stipulatus est Stichus, spopondi ego Lucius Titius. Das ergäbe die Intentio: si paret Lucium Titium Sticho decem dare oportere. Oder lassen wir den Namen des Gläubigers ganz fort, wie das namentlich im mündlichen Verkehr vielfach vorgekommen sein wird: spondesne decem dari? spondeo.

---

114) fr. 1 pr. de stip. seru. 45, 3.
115) Florentinus fr. 15 de stip. seru.; § 1 de stip. seru. 3, 17.
116) § 19 de inutil. stip. 3, 19.
117) Gai 4, 53d.

Das ergäbe die Intentio: si paret a Lucio Titio decem dari oportere. Da aber die Forderung von Rechts wegen gar nicht dem Sklaven, sondern dem Herrn zustand, so musste dies doch irgendwo gesagt sein, zumal ja nur der Herr klagen konnte. Dies hätte füglich in einer Präscriptio etwa so geschehen können: Ea res agatur, quod Stichus A^i A^i seruus de Lucio Titio stipulatus est.

So scheinen schon Betrachtungen mehr allgemeinerer Natur dem intentione nicht allzu günstig zu sein. Erhöht werden unsere Bedenken durch eine nähere Betrachtung der Stelle. Sie steht in einem Abschnitte, welcher von Präscriptionen handelt; von einer praescriptio de pacto ist ausdrücklich die Rede; diese praescriptio de pacto wird durch ein at zu etwas anderem in Gegensatz gebracht; dieses andere kann demnach wohl kaum etwas anderes als eine Präscriptio anderer Art gewesen sein.

Uebrigens hält Huschke, dem Keller[118]) folgt, eine Präscriptio für nötig. Er bildet folgende Formel: Ea res agatur, quod Stichus A^i A^i seruus de N^o N^o stipulatus est. Si paret N^m N^m A^o A^o decem milia dare oportere et reliqua. Bei einer so beschaffenen Intentio, die schon auf den Namen des Herrn lautete, sieht man kaum ein, welchem Zwecke die Präscriptio dienen mochte; und was Huschke[119]) beibringt, um uns den Nutzen der Präscriptio neben

---

118) Röm. Civilproc." S. 208.
119) Zeitschrift für gesch. Rechtsw. Bd. 13 S. 326.

solcher Intentio gleichwohl begreiflich zu machen, ist wenig überzeugend.

Bei actio incerta hält Keller diese Präscriptio für überflüssig, worin man ihm nur zustimmen kann.

Was für Stipulationen der Sklaven, gilt auch für Stipulationen anderer Gewaltunterworfener; darauf braucht hier nicht näher eingegangen zu werden.

Bei alledem ist gar wohl zu beachten: dass sich diese Präscriptionen von Haus aus keineswegs von selber verstanden; es vielmehr vom Ermessen des Prätors abgehangen haben wird, ob er sie im einzelnen Falle erteilen wollte oder nicht.

2. § 7. Präscriptio de pacto.

Während die Ergänzung des tione zu praescriptione bisher wenig Beifall gefunden, verhält es sich anders mit einer Textänderung, die Savigny in der besprochenen Gajusstelle vorgenommen hat: indem er pacto in facto verwandelte [120]. Dieses facto haben alle neueren Herausgeber mit Ausnahme von Dubois, und zur Erklärung des pacto ist allerdings wenig genug geschehen.

Heffter [121], angeregt durch 'Hassii dubitationes', sucht pacto zu halten. Er bringt es in Verbindung mit den 'pacta in continenti facta stipula-

---

120) Göschen-Lachmann'sche Ausgabe des Gajus S. 386.
121) Gaii inst. comm. quartus pag. 53.

tionibus', von denen er meint: dass sie gerade so gut eine Klage erzeugt hätten, wie die sofort bei Eingehung einer gutgläubigen Obligation abgeschlossenen pacta. Dies wird nun freilich kaum bewiesen durch die dafür angezogenen Worte in fr. 40 R. C. 12,1: quia pacta in continenti facta stipulationi inesse creduntur. Denn damit hat nur gesagt sein sollen: dass mindernde pacta dieser Art die Obligation ipso iure beschränken[122]. Und selbst wenn man diesen Worten eine andere Bedeutung unterlegen könnte, wie dies zuweilen noch von heutigen Schriftstellern geschieht[123], wäre zu bedenken: dass dem hier von Paulus aufgestellten Satze von anderer Seite widersprochen wird, derselbe mithin nicht einmal zu Paulus' Zeiten zweifellose Gültigkeit besass und schwerlich schon dem Gajus bekannt gewesen sein dürfte.

Goudsmit[124] verwirft den Gedanken an ein pactum adiectum, nimmt pactum in der allgemeinen Bedeutung von Vertrag und hat es dabei auf die Stipulation abgesehen. Eine solche Auslegung hat schon an sich ihr Bedenkliches, ist aber vollends unhaltbar bei einer Stelle, wo die Begriffe stipulatio und pactum zu einander in Gegensatz treten.

Derartige Erklärungen haben nicht vermocht,

---

122) Vgl. zu dieser Stelle Glück, Pand. Bd. 4 S. 266 fg.; Schilling, Institutionen, Bd. 3 S. 635 fg.; Keller, Institutionen, S. 121 fg.

123) Vgl. z. B. Baron, Instit. § 135 bei Anm. 7.

124) Studemund's Vergleichung der Veroneser Handschrift, übersetzt von Sutro, Utrecht 1875, S. 130.

dem pacto Freunde zu gewinnen. Auch liegt die Sache keineswegs so einfach. Klagbare pacta neben Stipulationen giebt es nicht. Auf dem Gebiete der gutgläubigen Obligation scheint uns den Weg zu versperren die Regel: pacta conuenta inesse bonae fidei iudiciis. Denn hier haben wir ja die Klage aus der Hauptobligation. Und wenn auch die Bestimmungen des Nebenvertrages durch Präscriptio geltend gemacht sein werden, so fällt doch das unter den Gesichtspunkt von Gai 4,131ᵃ. Ausserdem spricht man wohl noch von klagbaren prätorischen Pacta und zählt dahin z. B. das constitutum debiti — wir werden später sehen, mit welchem Rechte [125] — aber hier haben wir ja auch wieder selbständige Klagen. So wird es begreiflich, dass man an pacto Anstoss nahm und die Umwandlung in facto so viel Beifall fand.

Indessen bleibt es immerhin eine willkürliche Textänderung, die gar nicht einmal recht in den Zusammenhang passen will. Wenigstens verbindet sich 'quod secundum naturalem significationem uerum esse debet' viel besser mit einem pacto als einem facto. Ferner ist mir nicht bekannt, dass irgend ein Schriftsteller mit dieser Präscriptio de facto schon irgend etwas anzufangen gewusst hätte. Das setzt ebenfalls Schwierigkeiten nach dieser Richtung hin voraus. Und sollten diese Schwierigkeiten nicht geradezu unüberwindlich sein? Denn wo in factum konzipiert werden sollte, wurde gleich die Intentio

---

125) Siehe unten § 15.

in factum gefasst. Es heisst in dieser Beziehung bei Gai 4,46: initio formulae nominato eo quod factum est, adiciuntur ea uerba per quae iudici damnandi absoluendiue potestas datur. Wo bleibt da noch Raum für eine Präscriptio de facto? So werden wir es denn doch wohl mit dem pacto versuchen müssen. Freilich erfordert das ein näheres Eingehen auf die Stellung, welche das Pactum überhaupt bei den Römern einnahm. Davon soll jetzt in der zweiten Abteilung gehandelt werden.

Zweite Abteilung.
Pactum.

I. Das Edict des Prätors.

§ 8. Inhalt.

Das Edict des Prätors de pactis et conuentionibus ist uns erhalten bei Ulp. fr. 7 § 7 de pactis 2, 14.

Ait praetor: Pacta conuenta, quae neque dolo malo, neque aduersus leges plebis scita senatus consulta edicta decreta principum, neque quo fraus cui eorum fiat facta erunt, seruabo.

Das Wort decreta ist allerdings durch Abschreiberversehen ausgefallen; L e n e l stellt es mit Recht vor principum, während R u d o r f f und M o m m s e n es vor edicta einschieben.

Der Inhalt klingt recht allgemein; namentlich legt uns das seruabo keine Schranken in d e r Beziehung auf, dass wir bloss an Aufrechterhaltung durch Einrede zu denken hätten. Aber andererseits ist Klage nicht besonders verheissen, es steht nicht da: iudicium dabo. So macht denn dieses Edict den

Eindruck eines noch unbeschriebenen Blattes; man möchte gerne Näheres wissen, wie sich die Sache im Rechtsleben gestaltet hat. Darauf wird die Antwort in den Edictscommentaren enthalten gewesen sein und ist vielleicht noch in den uns erhaltenen zu finden. Werfen wir also auf diese einen Blick.

Wir finden hier allgemeine Erörterungen über den Vertragsbegriff überhaupt, dann treten aber auch Einzelheiten besonders hervor. Zunächt stossen wir hier auf legitima pacta bei Ulpian [1]) wie Paulus. Sodann begegnen wir bei Ulp. fr. 7 § 2 de pactis einer Erörterung über den unbenannten Realvertrag, daran reiht sich in § 5 ebendaselbst eine Besprechung des Satzes 'pacta conuenta inesse bonae fidei iudiciis'. Hauptsächlich haben die Commentatoren das pactum de non petendo erörtert, das uns hier nicht näher angeht, da es nur eine Einrede hervorbrachte. Aber den unbenannten Realvertrag und den auf die gutgläubigen Obligationen bezüglichen Satz wollen wir ebenfalls festhalten.

2) Anwendungsfälle.

a) § 9. Pacta legitima.

Ueber die pacta legitima äussert sich Paulus fr. 6 de pactis folgendermassen:

> Legitima conuentio est quae lege aliqua confirmatur. et ideo interdum ex pacto actio nascitur uel tollitur, quotiens lege uel senatus consulto adiuuatur.

---

1) fr. 5 de pactis 2,14.
2) fr. 6 eodem.

Wir wissen freilich nichts von solchen gesetzlichen pacta, die klagbar waren — denn kaum wird dabei mit Glück [3]) an Zinsversprechen, noch mit Savigny [4]) an die nuncupatio zu denken sein — aber wir sind darum nicht befugt, die Richtigkeit dieser Nachricht in Zweifel zu ziehen. Damit haben wir möglicherweise schon einen Anwendungsfall für unsere Präscripto de pacto. Aber freilich — diese Fälle werden sich später angelehnt und nicht den Grund abgegeben haben für die Einführung dieses Edictes.

Im übrigen erinnert mich diese Stelle lebhaft an einen andern Ausspruch von Paulus, den die Compilatoren mit der Ueberschrift 'de condictione ex lege' versehen haben, fr. un. 13, 2:

> Si obligatio lege noua introducta sit nec cautum eadem lege, quo genere actionis experiamur, ex lege agendum est.

Bei obligatio liegt es jedenfalls am nächsten, an eine durch ein Rechtsgeschäft begründete Obligation zu denken [5]). Sofern nun in dem betreffenden Gesetze keine Form vorgeschrieben war, haben wir das Pactum. So hätte denn diese Stelle ursprünglich zur Präscriptio de pacto und Klage mit Präcriptio in Beziehung gestanden. Die Compilatoren verwandelten diese Klage mit Präscriptio in eine

---

3) Pandecten Bd. 4 S. 278.
4) Obligationenrecht Bd. 2 S. 10.
5) Bekker, Akt. Bd. 1 S. 135 und Lenel, Paling. I c. 1149 No. 1083 bringen diese Stelle freilich mit der actio legis Aquiliac in Verbindung.

condictio ex lege, wie sie anderswo eine condictio zu einer praescriptio uerbis actio machten⁶). Denn dass diese condictio ex lege dem klassischen Rechte noch fremd, darüber darf man füglich keine Zweifel hegen⁷). Vielleicht ist sie ein Erzeugnis der nachklassischen Wissenschaft, an welche sich hier wie anderswo die Compilatoren anlehnten⁸). Mag man indessen über diese Betrachtung denken, wie man will, so viel ist klar: zur Zeit des Paulus muss es zur Geltendmachung der legitima pactio eine andere Klage gegeben haben, als die condictio ex lege; während nach Justinianischem Rechte diese legitima pactio der condictio ex lege verfallen ist.

b) Der unbenannte Realvertrag.

α) § 10. Allgemeines.

Die bereits angeführte Stelle Ulpian's fr. 7 § 2 de pactis lautet:

> Sed et si in alium contractum res non transeat, subsit tamen causa, eleganter Aristo Celso respondit esse obligationem. ut puta dedi tibi rem ut mihi aliam dares, dedi ut aliquid facias: hoc συνάλλαγμα esse et hinc nasci ciuilem obligationem. et ideo puto recte Iulianum a Mauriciano reprehensum in hoc: dedi tibi Stichum ut Pamphilum manumittas: manumisisti: euictus est Stichus. Iulianus scribit in

---

6) Vgl. fr. 19 § 2 de prec. 43, 26 und dazu Gradenwitz, Interpol. S. 128.

7) Vgl. Baron, Condictionen S. 76 flg.

8) Siehe den folgenden § 10.

factum a praetore dandam: ille ait ciuilem incerti actionem, id est praescriptis uerbis sufficere: esse enim contractum, quod Aristo συνάλλαγμα dicit, unde haec actio nascitur.

Es ist vorher die Rede gewesen von den iuris gentium conuentiones, die eine Klage erzeugten und einen selbständigen Contractsnamen führten; als Beispiele werden Consensualcontracte wie Realcontracte genannt. Hieran wird nun angeknüpft und gesagt: wenn auch kein besonderer Contractsnamen entstanden, subsit tamen causa, liege gleichwohl eine Obligation vor, wie Aristo dem Celsus geantwortet habe. Subsit tamen causa können wir etwa übersetzen: eine Grundlage gleichwohl vorhanden. Und zwar ist dabei an eine Tradition zu denken, die aus einem Grunde erfolgt, der geeignet erscheint, Eigentum zu verschaffen. Das tradere allein ist ein unbestimmtes Etwas: es muss eine causa hinzukommen, welche den Eigentumsübergang bewirkt. Wenn jemand einem andern eine Sache gegeben habe, damit dieser ihm wieder eine gebe oder eine sonstige Leistung vornehme: so soll das nach Aristo ein συνάλλαγμα sein, woraus eine ciuilis obligatio hervorgehe. Mit diesem συνάλλαγμα, das Ulpian später durch contractus wiedergiebt, hat Aristo wohl sagen wollen: es stehen hier zwei Leistungen in Frage, die durch den Vertrag zu einander in Beziehung gesetzt sind. Julian hat die Sache nicht so aufgefasst und ist deshalb von Mauricianus getadelt worden. In einem Falle, wo der Stichus hingegeben, damit Pamphilus freigelassen werde, und wo der Stichus evinciert worden: soll man nach Julian den Prätor um eine in factum actio angehen. Mauricianus, und mit ihm Ulpian, meint aber: es reiche hin (sufficere) ciuilem incerti actionem, nachdem Worte vorgeschrieben worden, id est praescriptis uerbis. Beim letztern Zusatz wäre man vielleicht geneigt, an Interpolation zu denken, da derartige Interpolationen sonst vorkommen[9]), und Ulpian anderswo[10]) bloss von actionem incerti ciuilem reddendam spricht. Nötig wäre indes die Annahme in diesem Falle gerade nicht; und sachlich richtig ist die Bemerkung jedenfalls, dass diese ciuilis incerti actio mit Präscriptio ausgestattet wurde.

Diese ganze Ausführung lässt uns darüber nicht in Zweifel: dass hier eine Klage mit Präscriptio aufgebaut wird auf dem Vertragsgedanken, und dass diese Klage die unbenannten Realverträge betrifft. Da nun diese Darstellung Ulpian's sich in seinem Edictscommentar befindet, und gerade an der Stelle, wo er sich mit dem Edictssatze de pactis et conuentionibus beschäftigt: was liegt hier näher, als diese praescripta uerba in Beziehung zu setzen zu der praescriptio de pacto bei Gajus? Nicht unwichtig ist auch der Gegensatz zwischen Julianus und Mauricianus. Dem ersteren wird zum Vorwurfe gemacht, dass er eine einfache in factum actio begehre und damit das συνάλλαγμα in Abrede nehme. Mithin wird jedenfalls in der Präscriptio das Vertragsver-

---

9) Gradenwitz, Interpolationen S. 125.
10) fr. 23 C. D. 10, 3.

hältnis angegeben gewesen sein, was wiederum passt zu dem Satze bei Gajus: quod secundum naturalem significationem uerum esse debet.

Und wenn wir fragen nach dem Platze, den der Prätor dieser praescriptio de pacto in seinem Edicte angewiesen haben mag, so wird dies kaum eine andere Rubrik gewesen sein als de pactis et conuentionibus. In so kahler Einsamkeit, wie jetzt bei Lenel[11]), wird der hierauf bezügliche Satz sich einmal nicht befunden haben. Damit steht keineswegs in Widerspruch, dass der actio de aestimato eine andere Stelle angewiesen. Denn dieser Fall hatte es zu einer feststehenden Formel gebracht[12]) und war damit dem Gebiete der praescripta uerba entrückt. Man stellte demgemäss diese Formel zu den verwandten über Kauf und Miete. Auch die exceptio pacti conuenti ist ja an ganz anderer Stelle untergebracht worden[13]). Nach früheren Ausführungen[14]) dürfen wir ferner nicht zweifeln, dass diese Formel de aestimato eine mit quod beginnende Demonstratio hatte, während die praescripta uerba durch ea res agatur eingeleitet wurden. Daher ist es auch nicht richtig, wenn Lenel[15]) in der actio de aestimato 'die einzige im Edict proponierte actio praescriptis uerbis' erblickt. Klage mit Prä-

---

11) Edictum S. 53.
12) fr. 1 pr. de aestimatoria 19, 3. Actio de aestimato proponitur.
13) Lenel, Edict. S. 400.
14) Siehe oben § 2 S. 13.
15) Edict. S. 238.

scriptio und proponierte Formel sind Gegensätze, die einander ausschliessen. Zwar heisst es bei Ulp. fr. 1 pr. de aestimatoria 19, 3:

> melius itaque uisum est hanc actionem proponi: quotiens enim de nomine contractus alicuius ambigeretur, conueniret tamen aliquam actionem dari, dandam aestimatoriam praescriptis uerbis actionem.

Indessen dass Ulpian so nicht geschrieben haben kann, wie ihn hier die Compilatoren schreiben lassen, ist ausser Zweifel. Jhering[16]) vermutet aestimationem statt aliquam actionem, und damit hat sich Zitelmann[17]) einverstanden erklärt. Dagegen mit Recht Karlowa[18]), welcher selber meint: die Compilatoren hätten eine auf die aestimatoria sich beziehende Aeusserung Ulpian's genereller zu fassen gesucht. Vor Jhering hatte schon Brinz[19]) actionem ändern wollen in aestimationem. Nach meinem Dafürhalten passt der ganze ausgeschriebene Satz von quotiens an gar nicht zu der actio de aestimato, sondern nur zu der Klage mit Präscriptio. Das aestimatoriam hat Ulpian nicht geschrieben, das ist Zusatz der Compilatoren[20]). Es lässt sich nämlich gar nicht leugnen, dass die praescriptis uerbis actio, wie sie uns in den Pandekten entgegentritt, eine spätere Rechtsbildung sein muss: vielleicht ein Er-

---

16) Jhering's Jahrbücher Bd. 15 S. 384 flg.
17) Irrtum S. 504.
18) Rechtsgeschäft S. 250 flg.
19) Kritische Blätter Heft 1 S. 43.
20) Dies scheint auch Lenel, Ed. S. 239 anzunehmen.

zeugnis der vorjustinianischen, aber nachklassischen Wissenschaft. Dass die Bezeichnung praescriptis uerbis actio — Ablativus absolutus neben actio — kaum korrektes Latein, und hier vielfach interpoliert worden, hat bereits Gradenwitz[21]) dargethan: obgleich sich dieser Sprachgebrauch doch wohl schon im dritten Jahrhundert gebildet haben könnte[22]), und bei Kunstausdrücken manches möglich bleibt[23]). Aber auch sachlich deckt sich diese praescriptis uerbis actio der Compilatoren gar nicht mit dem agere praescriptis uerbis des klassischen Rechtes. Denn ein agere praescriptis uerbis nach klassischem Rechte liegt überall da vor, wo wir eine Klage mit praescriptio pro actore haben, aber auch nur da. Seit Abschaffung des Formularprocesses hatte es gar keinen Sinn mehr, noch von einem agere praescriptis uerbis zu sprechen. Man behält jedoch die Bezeichnung praescriptis uerbis bei, und aus dem agere wird allmählich eine actio geworden sein. Indessen

21) Interpolationen S. 123 flg.

22) Wenigstens machen Stellen wie c. 4, 8 de rer. perm. 1, 64 nicht den Eindruck einer Interpolation.

23) Ein Analogon dürfte sein die condictio causa data causa non secuta in der Ueberschrift des betreffenden Pandektentitels — freilich ebenfalls späteres Latein. Vgl. Baron, Condictionen S. 70 flg. Bekker, Zeitschrift für Rechtsgesch. Bd. 7 R. A. S. 100 hält es zwar auf Grund von fr. 1 § 1 de cond. sine causa 12, 7 für hoch wahrscheinlich, dass dieser Name dem Ulpian bereits bekannt gewesen. Allein was wir hier lesen 'si ob causam promisit, causa tamen secuta non est' ist ganz richtiges Latein. Möglich bleibt allerdings, dass derartige Aussprüche der nachklassischen Wissenschaft die Veranlassung zu solcher Namenbildung wurden.

diese neue praescriptis uerbis actio steht nicht mehr in Beziehung zu einer besondern Form von Klagen, sondern umfasst ein sachlich abgegrenztes Gebiet: dem unbenannten Realvertrage ist diese Klage beigegeben worden. Nun gab es zwar früher auch schon ein agere praescriptis uerbis bei den unbenannten Realverträgen, jedenfalls war indes die actio de aestimato von Präscriptio frei geworden. Die Compilatoren haben diese Klage hier aber wieder eingereiht. So ist nach meinem Dafürhalten das dandam aestimatoriam praescriptis uerbis actionem zu erklären. Ein Satz, der richtig ist für das agere praescriptis uerbis, wird der actio de aestimato angepasst, um ihre Zugehörigkeit zur neuen praescriptis uerbis actio zu bezeichnen. — Hier möchte ich noch einem Einwande begegnen. Die Zahl der benannten Realcontracte hatte sich bereits um einen vermehrt, seitdem es eine actio de aestimato gab. Ausserdem scheint sich in der nachklassischen Wissenschaft die permutatio ebenfalls zu einem selbständigen Realcontract entwickelt zu haben [24]. Ferner ist das Precarium hinzugekommen [25]. Da hätte es doch wohl nahe gelegen, die Zahl der benannten Real-

---

24) Dass die Tauschklage im Edict keine stehende Formel hatte, hebt Lenel, Ed. S. 238 mit Recht hervor. Vgl. fr. 1 § 1 de rer. perm. 19, 4; c. 4 de rer. perm. 4, 64. In letzterer Stelle hat es übrigens am Schluss geheissen, wie aus c. 5 eod. hervorgeht: praescriptis uerbis actione aut condictione. Das aut condictione ist entweder von den Compilatoren gestrichen oder durch Abschreiberversehen ausgefallen.

25) Wegen der Interpolationen in fr. 2 § 2 und fr. 19 § 2 de prec. 43, 26 siehe Gradenwitz, Interp. S. 128 flg.

contracte zu erhöhen, zumal praescriptis uerbis actio im engeren Sinne die Klage quae de aestimato proponitur und quae ex permutatione competit nicht mit umfasst [26]). Solche revolutionäre Anwandlungen darf man indes der nachklassischen Wissenschaft nicht zutrauen. Die Vierzahl der benannten Realcontracte war einmal hergebracht, und dabei bleibt man stehen. Mit den Censensualcontracten verhält sich die Sache genau so. Seit das formlose Versprechen einer Mitgift, sowie das formlose Schenkungsversprechen klagbar geworden waren, hätte man füglich die Zahl der Consensualcontracte vermehren können; aber auch hier bleibt man bei der Vierzahl.

Was die Formel anbetrifft, so wird jedenfalls das Pactum in der Präscriptio Ausdruck gefunden haben. Der Intentio dürfte ein ex fide bona hinzuzufügen sein. Dafür scheint zu sprechen, dass die actio de aestimato unter die gutgläubigen Klagen versetzt wurde [27]). Ferner tritt die praescriptis uerbis actio des späteren Rechtes uns als gutgläubige Klage entgegen [28]). Ausserdem legt das 'neque dolo malo' und 'neque quo fraus' im Edict den Gedanken an eine Fassung ex fide bona sehr nahe [29]). Demnach wäre die Formel in Anlehnung an das eine

---

26) § 28 de act. 4, 6.
27) fr. 1 pr. de aestimatoria 19, 3.
28) § 28 de act. 4, 6; fr. 2 § 2 de prec. 43, 26. Wegen der Interpolation in der letzteren Stelle siehe Gradenwitz a. a. O. S. 128 flg.
29) Vgl. fr. 7 § 10 de pact. 2, 14: bona fide.

der in fr. 7 § 2 de pactis enthaltenen Beispiele etwa so zu bilden.

Ea res agatur quod A^s A^s N^o N^o Stichum seruum suum dedit, cum inter A^m A^m et N^m N^m conuenisset, ut hic Pamphilum seruum suum manumitteret; quidquid paret N^m N^m A^o A^o d. f. o. ex fide bona, eius iudex N^m N^m A^o A^o c. s. n. p. a.

Jetzt muss ich noch auf einen Gegensatz, den ich bereits berührt habe, näher eingehen. Wir sahen: beim Innominatvertrage do ut facias gewährt Julian gar nicht die Klage mit Präscriptio, sondern eine in factum actio. Es war mithin streitig unter den römischen Rechtsgelehrten: wie weit das Gebiet der Klagen mit Präscriptio und wie weit das Gebiet der in factum actiones bei diesen Innominatverträgen reiche. Nun kehrt der Ausspruch Julian's noch einmal wieder bei Paulus fr. 5 § 2 de praescr. uerb. Hier heisst es aber: dandam actionem Iulianus scribit.. in factum ciuilem. Man hat sich viele Mühe gegeben, beide Stellen mit einander zu vereinigen; doch schon Duaren[30]), Cujaz[31]) und Andere[32]) erklären ciuilem für interpoliert.

Ich glaube mit Recht. Denn formulae in ius conceptae sind nach Gai 4, 45 solche: in quibus iuris ciuilis intentio est. Also unsere ciuilis incerti actio mit Präscriptio. Dagegen bei einer in factum con-

---

30) Opera, Lugduni 1579, tom. I pag. 49.
31) Opera tom. 5, Mutinae 1777 c. 990.
32) Siehe Litteratur bei Glück, Pand. Bd. 18 S. 102 und bei Schulting zu dieser Stelle.

cepta formula, wie sie uns bei Gajus 4, 47 entgegentritt, ist die Intentio dem entsprechend in factum gefasst. Für den Gegensatz zwischen formula in ius concepta bezw. actio ciuilis und formula in factum concepta bezw. actio in factum ist mithin die Beschaffenheit der Intentio massgebend. Und wie es schwerlich eine Intentio gegeben haben wird, die teils in ius und teils in factum gefasst war: so ist auch nach meiner Ansicht eine actio in factum ciuilis vom Standpunkte des Formularprocesses aus ein unmöglicher Begriff. Ich behaupte deshalb, dass die actio in factum ciuilis nicht bloss in dieser einzelnen Stelle, sondern überall, wo wir sie antreffen, auf Interpolation zurückzuführen sein wird. Unter den römischen Rechtsgelehrten war es streitig: wann bei den unbenannten Realverträgen eine actio in factum, und wann eine Klage mit Praescriptio zu geben sei. Seit Aufhebung des Formularprocesses hat dieser Gegensatz keinen Sinn mehr. Daher wirft man beides zusammen. Dies drückt sich schon in der Ueberschrift des Pandektentitels aus: de praescriptis uerbis et in factum actionibus [33]). Und dieser Verschmelzung giebt man weiter dadurch Ausdruck, dass man, wo ein römischer Rechtsgelehrter von actio in factum sprach, ein ciuilis anhängt. Andererseits könnte auch wohl, wo man ciuilis fand, ein in factum hinzugefügt, oder in anderer Weise die actio in factum

---

33) Dabei scheinen freilich einige in factum actiones mit untergelaufen zu sein, die kaum dahin gehören dürften, z. B. fr. 12, fr. 26 § 1, vgl. Bekker, Aktionen Bd. 2 S. 152.

ciuilis eingesetzt sein. So scheint es sich zu verhalten mit den andern beiden Stellen, wo wir ebenfalls dieser Bezeichnung begegnen. In fr. 1 § 1 de praescr. uerb. wird nämlich dem Labeo ein 'ciuilem actionem in factum esse dandam', und in § 2 ebendaselbst dem Papinian 'in factum ciuilis subicitur actio' in den Mund gelegt. Der Zusatz in factum war hier geboten, weil dieser Pandektentitel mit einem allgemeinen Satze über in factum actiones beginnt. Anderswo fr. 19 pr. de praescr. uerb., bedient sich Labeo der Ausdrucksweise agere praescriptis uerbis; und bei Papinian fr. 7, 8, 9 dess. Tit. heisst es: agam praescriptis uerbis, ciuiliter agi posse, praescriptis uerbis incerti et hic agi posse, incerti actione tenebitur. Ueberhaupt werden im allgemeinen in diesem Titel die alten Bezeichnungen beibehalten sein. Wir finden bei Alfenus fr. 23 in factum actione; bei Proculus fr. 12 in factum iudicium; bei Javolen fr. 10 in factum actionem; bei Neratius fr. 6 ciuili intentione incerti; bei Pomponius fr. 11, fr. 14 § 2, fr. 26 § 1 in factum, fr. 16 ciuilem actionem incerti competere; bei Aristo fr. 16 § 1 nullam iuris ciuilis actionem esse .. an in factum dari debeat; bei Paulus fr. 5 § 2, § 4 ciuilis actio; bei Ulpian fr. 13 pr. fr. 14 pr. § 1, § 3 in factum. Daneben verschiedene Male praescriptis uerbis teils echt, teils interpoliert. Insonderheit hat bei Ulpian fr. 15 ciuilis actio den Zusatz id est praescriptis uerbis erhalten; andererseits ist fr. 13 § 1 das in factum actionem des Julian und fr. 22 das in factum iudicium des Gajus in derselben Weise erläutert worden. In diesen Interpolationen liegt ausgesprochen: actio in factum und actio ciuilis soll ganz dasselbe sein, man kann daher die Klage auch in factum ciuilis oder ciuilis actio in factum nennen; ebenso ist in factum sowohl wie ciuilis actio der praescriptis uerbis actio gleich gesetzt worden. Ausserdem finden wir dieser praescriptis uerbis actio sogar noch die condictio wegen Rückerstattung des Geleisteten angegliedert [34]).

Zum Schluss noch ein Wort über Interpolationen im allgemeinen. Man pflegt sich die Sache so vorzustellen, als ob die Interpolationen alle von den Justinianischen Compilatoren erst herrührten, und die Wissenschaft bis dahin Jahrhunderte lang still gestanden hätte; bewundert auch wohl die geistige Kraft der Compilatoren, die in so kurzer Zeit ein solches Werk wie die Pandekten schufen [35]). Ich teile nicht diese Auffassung. Wir sehen jetzt aus den Sinai-Scholien, dass Ulpian's libri ad Sabinum im fünften Jahrhundert erläutert wurden [36]). Solche Erläuterungen werden auch für andere Hauptwerke der grossen römischen Rechtsgelehrten vorhanden gewesen sein. Mit diesen Erläuterungen wird es sich ähnlich verhalten haben wie mit der Interpretatio zur lex Romana Visigothorum [37]). Wir haben sie

---

34) fr. 19 § 2 de prec. 43, 26: incerti condictione, id est praescriptis uerbis. Vgl. zu dieser Stelle Gradenwitz, Interp. S. 128 flg.

35) z. B. Vgl. Bekker, Aktionen Bd. 1 S. 319.

36) Collectio von Krüger, Mommsen, Studemund tom. 3 pag. 267 seqq.

37) Vgl. Fitting, Ztsch. f. Rechtsgesch. Bd. XI S. 226 flg.

aufzufassen als ein Erzeugnis der damaligen Wissenschaft und Praxis. Solche Werke werden den Justinianischen Compilatoren sicher zur Hand gewesen sein; und man kann sich die Sache nicht anders vorstellen, als dass sie diese Werke auch benutzten. Diesen Werken könnte entlehnt sein die in factum ciuilis actio wie das id est praescriptis] uerbis, id est actionem pro euictione und verschiedene andere id est. Durch den Nachweis von Interpolationen wird mithin ein Doppeltes erreicht. Wir stellen damit nicht bloss das römische Recht in seiner Reinheit her und gelangen auf diese Weise wieder zu einer gesunden Gedankenverbindung; in diesen Interpolationen sind uns zugleich die Bausteine erhalten für eine Geschichte der vorjustinianischen, aber nachklassischen Wissenschaft und Praxis, an die man bisher freilich kaum gedacht hat.

Ein solcher Zusammenhang zwischen den Interpolationen der Justinianischen Compilatoren und der nachklassischen Wissenschaft wird sich bei näherem Suchen auch wohl streng erweisen lassen. Ich möchte in dieser Beziehung ein Beispiel vorführen, das zu unserer praescriptis uerbis actio in Beziehung steht. Gradenwitz hat dargethan, dass die Uebertragung der praescriptis uerbis actio auf das Precarium in fr. 2 § 2 und fr. 19 § 2 de precario auf Interpolation beruht. Nun giebt es aber noch eine dritte hierher zu ziehende Stelle, auf die Gradenwitz nicht näher eingegangen ist, nämlich Paul. sent. 5, 6 § 10.

Redditur interdicti actio, quae proponitur ex

eo, ut quis quod precarium habet restituat. nam et ciuilis actio huius rei sicut commodati competit.

Unter dieser ciuilis actio, die es wie beim Commodat ebenfalls beim Precarium geben soll, kann nur die Klage mit Präscriptio verstanden werden. Also hätte hier schon Paulus diese Klage gewährt. Aber es ist längst anerkannt, dass nicht alles, was der westgothische Paulus bringt, so von Paulus geschrieben worden[38]). Insonderheit hat schon Schulting an dieser Stelle Anstoss genommen wegen des nam, das hier die Bedeutung von 'aber' hat. Er bemerkt: vereorque adeo, ne is (interpres Alaricianus) in uerbis Pauli quaedam inuerterit. Freilich benutzt Kalb[39]) gerade diese Stelle, um daraus herzuleiten: dass nam in der Bedeutung von 'aber' Juristenlatein sei. Das wird man ihm zugeben können in Bezug auf die Verbindung nam si, aber nicht für das blosse nam. Allerdings macht nam in den Pandekten öfters einen störenden Eindruck. Dabei wäre aber in erster Linie zu untersuchen, ob nicht vor dem nam von den Compilatoren Streichungen vorgenommen worden. Die Stelle aus Paulus ist jedenfalls gleichzeitig wegen der ciuilis actio verdächtig. Dass die Klage mit Präscriptio zur Rückforderung einer precario hingegebenen Sache gedient hätte, ist ein dem klassischen Rechte völlig fremder Gedanke. Noch Ulpian versichert ausdrücklich, dass das Pre-

---

38) Vgl. Gradenwitz, Interp. S. 229.
39) Juristenlatein S. 64.

carium eine ciuilis actio gar nicht erzeuge [40]). Zwar wird andererseits das Precarium bei demselben Ulpian unter den Contracten mit aufgeführt. Es heisst fr. 23 R. J.:

> Contractus quidam dolum malum dumtaxat recipiunt, quidam et dolum et culpam. dolum tantum: depositum et precarium. dolum et culpam mandatum etc.

Allein diese verworrene Stelle hat ebenfalls unter den Händen der Compilatoren gelitten. Wir besitzen noch eine andere Aufzählung der Contracte von Ulpian in Rücksicht auf die Haftung für Dolus und Culpa [41]), die sich mit der obigen gar nicht deckt. Ferner kann Ulpian unmöglich geschrieben haben dolum et culpam mandatum: da noch nach Modestin [42]) der Mandatar nur für dolus haftete, und eine genauere Betrachtung vieler Pandektenstellen diesen Satz des Modestinus nur bestätigt. Die Haftung des Beauftragten für gewöhnliches Verschulden ist späteres Kaiserrecht; und noch im Codex fehlt es nicht an Stellen, die von dieser strengeren Haftung nichts wissen. So wird nach c. 10 de proc. 2, 12 vom

---

40) fr. 14 § 11 de furtis 47, 2. Is qui precario seruum rogauerat subrepto eo potest quaeri an habeat furti actionem. et cum non est contra eum ciuilis actio (quia simile donato precarium est) ideoque et interdictum necessarium uisum est, non habebit furti actionem.

41) fr. 5 § 2 Comm. 13, 6. Hier beruht freilich ebenfalls ein ganzer Satz nisi forte .. deponitur auf Interpolation. Vgl. Eisele, Zeitschr. f. Rechtsgesch. Bd. 24 S. 26.

42) Coll. 10, 2 § 3: in mandati uero iudicium dolus non etiam culpa deducitur.

Jahre 227 ein Processbevollmächtigter nur verantwortlich: si quid fraude uel dolo egit. Andererseits werden Depositum und Mandatum in den Pandekten häufig neben einander gestellt [43]), so dass man annehmen möchte: Ulpian habe depositum et mandatum statt depositum et precarium geschrieben. Müssen wir aber diesem allem zufolge Paul. sent. 5, 6 § 10 so gut wie fr. 2 § 2 und fr. 19 § 2 de prec. für interpoliert halten, so folgt weiter: wie die Verfasser des westgothischen Paulus werden sich die Justinianischen Compilatoren bei ihren Interpolationen an eine nachklassische Wissenschaft angelehnt haben.

β) § 11. Einzelne Beispiele.

Wir pflegen heutzutage von Innominatrealcontracten zu sprechen und dieselben den benannten anzugliedern. Das ist keine römische Auffassung. Zunächst ist der Vertragsgedanke hier gar nicht vollständig zur Ausgestaltung gelangt, weil sich daneben eine, vermutlich ältere, Rechtsbildung, das mittelst condictio ob causam datorum geltend zu machende Rückforderungsrecht des Gegebenen, erhalten hat [44]). Und für die Condictio, mochte nun im einzelnen Falle certae pecuniae, certae rei oder incerti zutreffen, gab es ein stehendes Formular; wozu es der unbenannte Realvertrag im allgemeinen nicht gebracht hat. Andererseits begegnen wir hier

---

[43]) fr. 8 pr. fr. 39 Mand. 17, 1; fr. 1 § 13 Dep. 16, 3; fr. 121 § 3 V. O. 45, 1; fr. 9 § 3 J. D. 23, 3; fr. 6 § 6 de his qui not. 3, 2; fr. 15 de tutelae 27, 3; § 13 de mandato 3, 26.

[44]) fr. 5 § 1, 2 de praescr. uerb. 19, 5.

zwei wissenschaftlichen Strömungen. Die einen kümmerten sich nicht weiter um das Vertragsverhältnis und gewährten eine in factum actio. Aber auch diejenigen, welche für das συνάλλαγμα eintraten und demzufolge die Klage mit Präscriptio befürworteten, haben damit diese Obligationen noch nicht dem Contractssysteme einverleibt; regelmäßig wird die Klagbarkeit vielmehr auf ein Pactum zurückgeführt. Und nicht ohne Grund wird sich Aristo des griechischen Ausdruckes συνάλλαγμα bedient haben [45]). Das bestärkt nur wieder unsere Auffassung: dass die Klage mit Präscriptio, welche zur Geltendmachung eines Pactum benutzt wird, Zusammenhang haben muss mit der Präscriptio de pacto, von der Gai 3, 134 handelt. Ich will jetzt einige Beispiele vorführen, wo uns diese Beziehung zwischen Pactum und Klage mit Präscriptio ganz deutlich entgegentritt.

1. Bestellung einer Mitgift.

Wer aus freien Stücken eine Mitgift bestellt, kann bei der Bestellung ausbedingen, was ihm beliebt; insonderheit dass dermaleinst die Mitgift ihm zurückgegeben werde. Zur Geltendmachung dieser Vereinbarung dient die Klage mit Präscriptio.

c. 6 J. D. 5, 12 vom J. 236.

Auia tua eorum, quae pro filia tua in dotem dedit, etsi uerborum obligatio non intercessit,

---

[45]) Ulpian in fr. 7 § 2 de pactis erläutert freilich συνάλλαγμα durch contractum. Das dürfte aber höchstens beweisen, dass die Kunstsprache bei Ulpian schon eine weniger scharfe war. Andererseits ist zu bedenken, dass durch das hinzugefügte συνάλλαγμα jedes Misverständnis ausgeschlossen erscheint.

actionem ex fide conuentionis ad te, si heres extitisti, transmittere potuit .. quippe matris pactum actionem praescriptis uerbis constituit. c. un § 13 de rei ux. act. 5, 13 vom J. 530.

Si quando etenim extraneus dotem dabat .. stipulatione autem uel pacto interposito stipulator uel is qui paciscebatur habebat uel ex stipulatu uel praescriptis uerbis ciuilem actionem.

Der Gesichtspunkt des Pactum ist sogar der weitere, dem der Realvertrag nicht überall zu folgen vermag. So sind mit Zustimmung der Frau noch nach der Bestellung zwischen Ehemann und Besteller klagbare Vereinbarungen möglich. Paulus fr. 20 § 1 de pact. dot. 23, 4.

Si extraneus de suo daturus sit dotem, quidquid uult pacisci et ignorante muliere, sicut et stipulari potest: legem enim suae rei dicit: postquam uero dederit, pacisci consentiente muliere debet.

Auch zu Gunsten Dritter waren solche Vereinbarungen zulässig. Paulus fr. 45 S. M. 24, 3:

sed permittendum est nepti ex hac auita conuentione, ne commodo dotis defraudetur, utilem actionem.

Von der Stipulation heisst es hier freilich:

respondi in persona quidem neptis uideri inutiliter stipulationem esse conceptam [46]).

---

[46] Anders versteht die Stelle Czyhlarz, Dotalrecht S. 412. — Pernice, Ztschr. f. Rechtsgesch. Bd. 25 R. A. S. 128, ist geneigt, im Schlusssatz wegen des Gerundium 'permittendum est .. utilem actionem' eine Interpolation anzunehmen.

2. Schenkung mit Auflage.

Bei Schenkungen unter Lebenden dient die Klage mit Präscriptio zur Geltendmachung der Auflage. Hier ist es also wiederum der Vertragsgedanke, welcher unsere Klage hervorruft.

c. 9 de don. 8, 53 vom J. 293.

Legem, quam rebus tuis donando dixisti, siue stipulatione tibi prospexisti, ex stipulatu, siue non, incerto iudicio, id est praescriptis uerbis, apud praesidem prouinciae debes agere, ut hanc impleri prouideat.

c. 22 § 1 eodem vom J. 294.

Eum autem, cui certa lege praedia donasti, incerta ciuili actione ad placitorum obsequium urgueri secundum legem donationibus dictam conuenit.

c. 8 de rer. perm. 4, 64 vom J. 294.

Ea lege rebus donatis Candido, ut quod placuerat menstruum seu annuum tibi praestaret, cum huiusmodi conuentio non nudi pacti nomine censeatur, sed rebus propriis dictae legis substantia muniatur, ad inplendum placitum, sicut postulas, praescriptis uerbis tibi competit actio.

Unter den Gesichtspunkt einer stillschweigenden Verabredung fällt Papinianus fr. 28 de don. 39, 5.

Hereditatem pater sibi relictam filiae sui iuris effectae donauit: creditoribus hereditariis filia satisfacere debet, uel, si hoc minime faciat et creditores contra patrem ueniant, cogendam eam per actionem praescriptis uerbis, patrem aduersus eos defendere.

Papinian hat freilich so nicht geschrieben. Denn die Worte 'si hoc minime .. praescriptis uerbis' sind interpoliert [47]).

3. Teilung.

Hier mag zuvörderst eine Stelle hergesetzt werden, die vielfach Anstoss erregt hat. Ulp. fr. 18 § 2 Fam. erc. 10, 2:

> sed et cum monumentum iussit testator fieri, familiae erciscundae agent, ut fiat. idem tamen temptat, quia heredum interest, quos ius monumenti sequitur, praescriptis uerbis posse eos experiri, ut monumentum fiat.

Der idem ist Pomponius. Von einem Versuche desselben ist die Rede. Dieser Versuch hat nach meinem Dafürhalten darin bestanden: dass Pomponius die Präscriptio de pacto auch zur Geltendmachung von Auflagen bei letztwilligen Verfügungen benutzt wissen wollte; sofern nur die Miterben an deren Erfüllung ein Interesse hatten. Nicht jeder Versuch ist mit Erfolg gekrönt. Ein Satz, dass eine Auflage bei letztwilligen Verfügungen als solche durch Präscriptionsklage zu erzwingen sei, ist nicht zur Entwicklung gelangt. Andererseits ist dieser Versuch des Pomponius sehr leicht zu erklären, sobald wir bei der Klage mit Präscriptio unsern Ausgang vom Pactum nehmen. Warum — so wird sich Pomponius

---

[47]) Gradenwitz, Interpolationen S. 130, 131.

die Sache zurechtgelegt haben – soll eine Klage, die der Verwirklichung von Verträgen dient, nicht auch bei einseitigen Verfügungen benutzt werden können?

Ferner gehört hierher ein Ausspruch von Papinian bei Ulp. fr. 20 § 3 Fam. erc. 10, 2.

Si pater inter filios sine scriptura bona diuisit et onera aeris alieni pro modo possessionum distribuit, non uideri simplicem donationem, sed potius supremi iudicii diuisionem Papinianus ait. plane, inquit, si creditores eos pro portionibus hereditariis conueniant et unus placita detrectet, posse cum eo praescriptis uerbis agi, quasi certa lege permutationem fecerint, scilicet si omnes res diuisae sint.

Die Stelle bezieht sich auf die väterliche Teilung, die eine Sachteilung, keine Bruchteilung war [48]). Ein Vater teilt z. B. in der Weise, dass jeder seiner drei Söhne eins von seinen drei Landgütern bekommt mit allem, was sich darauf befindet. Um den Fall einfach zu gestalten, wird angenommen, dass die Teilung eine erschöpfende war: denn sonst würde sich die Bruchteilung daneben geltend gemacht haben [49]). Möglich bleibt, dass der Vater das jedem seiner Kinder Zugedachte schon bei Lebzeiten einräumte [50]). Nach Verhältnis dessen, was der einzelne bekommen, wird ihm die Berichtigung der Schulden

---

48) Vgl. Mühlenbruch, Fortsetzung von Glück, Bd. 42 S. 237 flg.

49) fr. 32 Fam. erc. 10, 2; fr. 23 de adim. 34, 4.

50) Vgl. Meyerfeld, Schenkungen Bd. 1 S. 77.

auferlegt: dem einen etwa 20, dem andern 30, dem dritten 50 Procent. Wir haben hier also eine Auflage vor uns, für die Papinian ebenfalls die Klage mit Präscriptio gewährt: aber in der Begründung weicht er wesentlich von Pomponius ab. Papinian spricht hier von Vereinbarungen unter den Erben, placita, und vergleicht die Sachlage mit einem Tausche, der unter bestimmten Bedingungen zu Stande gekommen sei. Wie mag sich das erklären?

Gewöhnlich nimmt man an, dass die väterliche Teilung vor Justinian einer Form gar nicht bedurfte[51]. Demgegenüber hat Polacco[52] neuerdings behauptet, dass eine Zustimmung der Kinder erforderlich gewesen sei[53]. Das Richtige dürfte sein: dass eine schriftliche Erklärung in jeglicher Gestalt genügte[54], dagegen zur mündlichen Teilung die Anerkennung der Kinder hinzutreten musste. Hier haben wir es nun mit einer mündlichen Teilung zu thun: sine scriptura. Auf diese Weise erklären sich die placita und die Klage mit Präscriptio.

Im Codex wird dann schon die Teilung selber als Vereinbarung aufgefasst.

c. 23 Fam. erc. 3, 36 vom Jahre 294.

Licet pacto diuisionis aduersus singulos actio

---

[51] Vgl. z. B. Burchardi, Lehrbuch des röm. Rechts Tl. 2 § 346.

[52] Vgl. darüber Schneider, Krit. Vierteljahrsschrift Bd. 28 S. 420.

[53] Unter Berufung auf fr. 4 § 1 pro suo 41, 10.

[54] c. 26 Fam. erc. 3, 36: siue quocumque alio modo scripturae quibuscumque uerbis uel indiciis inueniantur relictae.

pro hereditariis portionibus creditori parata mutari non possit, tamen ad exhibendam fidem his quae conuenerant, stipulationis et iuris adhibito remedio, qui placitum excedit urgueri potest, cum et hoc omisso, si non contrarium conuenisse probaretur, praescriptis uerbis conueniri potuisset.

c. 7 Comm. utriusque 3, 38 vom J. 294.

Si fratres uestri pro indiuiso commune praedium citra uestram uoluntatem obligauerunt et hoc ad uos secundum pactum diuisionis nulla pignoris facta mentione peruenit, euictis partibus quae ante diuisionem sociorum fuerunt, in quibus obligatio tantum constitit, ex stipulatu, si intercessit, alioquin quanti interest praescriptis uerbis contra fratres agere potestis.

Minder deutlich ist freilich c. 14 Fam. erc. von Diocletian.

Si familiae erciscundae iudicio, quo bona paterna inter te ac fratrem tuum aequo iure diuisa sunt, nihil super euictione rerum singulis adiudicatarum specialiter inter uos conuenit, id est ut unusquisque euentum rei suscipiat, recte possessionis euictae detrimentum fratrem tuum et coheredem pro parte agnoscere praeses prouinciae per actionem praescriptis uerbis compellet.

Hiernach haben die Miterben bei Entwehrung des ihnen Zugeteilten einen Anspruch auf verhältnismässigen Ersatz, falls nicht das Gegenteil ausdrücklich vereinbart worden. Von Haus aus hat dieser Satz nicht gegolten. Noch Paulus bemerkt hinsichtlich des Teilungsrichters in fr. 25 § 21 fam. erc.: item curare debet, ut de euictione caueatur his quibus adiudicat [55]). Bei Papinian in fr. 66 § 3 de euict. 21, 2 wird zwar eine Klage gewährt, aber der Name dieser Klage gar nicht angegeben: euictis praediis in dominum actio dabitur, quae daretur in eum qui negotium absentis gessit, ut quanti sua interest actor consequatur. Das Fehlen des Namens wie das dabitur weisen darauf hin, dass die Klage besonders erbeten und bewilligt werden musste. Es scheint sich demnach dieser Ersatzanspruch der Miterben bei Entwehrung erst später entwickelt zu haben und könnte unter den Gesichtspunkt einer stillschweigenden Vereinbarung gebracht sein. Merkwürdig ist auch noch die Verbindung 'praeses prouinciae per actionem praescriptis uerbis compellet'. Sie macht ganz den Eindruck, als ob per actionem praescriptis uerbis erst später eingeschoben wäre. Bei Brissonius sind für die Redewendung compellere per actionem nur zwei Stellen beigebracht: diese und noch eine andere, c. 9 de pact. 2, 3, wo es aber heisst 'per iudicem compellitur'.

Die vorgeführten Beispiele werden uns die Ueberzeugung verschafft haben, dass sich der unbenannte Realvertrag dem Pactumbegriffe unterordnet. Wenn diese Auffassung in der bisherigen Litteratur mehr zurücktrat, so dürfte der Grund darin zu suchen sein: dass man bei jedem Pactum immer gleich an

---

55) Vgl. ferner Paulus fr. 10 § 2 Com. diu. 10, 3.

das nudum pactum dachte. In späterer Zeit hat sich allerdings die Regel gebildet, dass aus einem nudum pactum eine Klage nicht zulässig sei.

Africanus fr. 34 pr. Mand. 17, 1:
alioquin dicendum ex omni contractu nuda pactione pecuniam creditam fieri posse.

Paul. sent. 2, 14 § 1:
ex nudo enim pacto inter ciues Romanos actio non nascitur.

Derselbe 5, 12 § 9.
Ex nuda pollicitatione nulla actio nascitur.

c. 2 de eu. 8, 44 vom J. 205:
nudo autem pacto interueniente minime donatorem hac actione teneri certum est.

cons. 4, 9 ex corp. Herm. vom J. 293.
Neque ex nudo nascitur pacto actio.

c. 27 de loc. 4, 65 vom J. 294:
ex nudo pacto perspicis actionem iure nostro nasci non potuisse.

Aber es fehlt an einem Satze, dass das Pactum schlechthin keine Klage erzeuge; und wo ein solcher Satz uns äusserlich entgegentritt, vgl. z. B. fr. 7 § 5 de pactis, ist das nudum pactum gemeint. Insonderheit weisen mehrere Stellen, die von einem unbenannten Realvertrage handeln oder zu demselben in Beziehung stehen, auf diesen Gegensatz ausdrücklich hin. Vorgekommen ist schon c. 8 de rer. perm. Weiter wären zu erwähnen:

Pap. fr. 8 de praesc. uerb.:
nec uideri nudum pactum interuenisse, quotiens certa lege dari probaretur.

Ulp. fr. 15 eodem:
et quidem conuentio ista non est nuda, ut quis dicat ex pacto actionem non oriri, sed habet in se negotium aliquod.
Ulp. fr. 7 § 4 de pactis.
Sed cum nulla subest causa, propter conuentionem hic constat non posse constitui obligationem: igitur nuda pactio obligationem non parit, sed parit exceptionem.
c. 10 de pactis 2, 3 = c. 1 de pactis conuentis tam super dote 5, 14 vom Jahre 206 (227): nec obesse tibi debet, quod dici solet ex pacto actionem non nasci: tunc enim hoc dicimus, cum pactum nudum est.

Schliesslich will ich hier noch einer Stelle gedenken, die zwar von einem Pactum handelt, aber meines Erachtens nicht mit dem Realvertrag in Verbindung gebracht werden darf, c. 4 de dotis promissione 5, 11 vom Jahre 293.
Si uoluntate dotantis in dotali instrumento plura tibi tradita scripsisti quam suscepisti, intellegis de his quae desunt petendis pactum esse consecutum.
Czyhlarz[56]) nimmt hier einen Realvertrag an, den er so begründet: 'der Mann giebt das Document in der Erwartung, dass ihm die bedungene Dos geleistet werde'. Aber eine Empfangsbescheinigung ist doch keine Gegenleistung, mithin kann von einem

---

56) Dotalrecht S. 123 A. 1.

σνάλλαγμα auch nicht die Rede sein. Ich glaube, bereits Schlesinger[57] war auf dem richtigen Wege, der die Stelle für eine 'vielleicht interpolierte' erklärt. Ursprünglich wird am Schlusse etwa hinzugefügt gewesen sein: et ideo actionem tibi non competere. Dieser Schlusssatz ist dann mit Rücksicht auf die gleich darauf folgende c. 6 de dot. prom. vom Jahre 428 gestrichen worden.

Also wieder eine Interpolation! Mir ist zum Vorwurfe gemacht, dass ich überall Interpolationen vermute[58]. In der That glaube ich, dass hundertmal mehr interpoliert worden, als man sich gewöhnlich vorstellt. Zwar ist das Gebiet, wo wir durch unmittelbare Vergleichung eine Interpolation nachweisen können, kein grosses. Aber soweit wir eine solche Vergleichung anzustellen in der Lage sind, sehen wir doch: dass zum Teil ganz gewaltig umgestaltet worden. Von dem, was wir hier wahrnehmen, dürfte aber ein Schluss auf die ganze Justinianische Gesetzgebung, insonderheit die Pandekten, gerechtfertigt sein. Ferner ist uns überliefert, dass mehr als 3 Millionen Zeilen zu beinahe 150000 Zeilen verkürzt wurden[59]: Zahlen, die wahrlich zu denken geben. Die Vertrauensseligkeit, die man noch heutzutage, von wenigen Ausnahmen abgesehen, den Pandekten entgegenzubringen pflegt, ist gewiss ein recht bequemer Standpunkt; ob aber auch ein wissenschaftlicher, das ist eine andere Frage.

---

57) Formalcontracte S. 268.
58) Klein, Sachbesitz S. 106 Anm. 35.
59) c. Tanta, Δέδωκεν § 1.

c) **Die gutgläubigen Obligationen.**

α) **§ 12. Pacta conuenta inesse bona fidei iudiciis.**

In Bezug auf die Klagbarkeit von Nebenverabredungen bei gutgläubigen Obligationen bemerkt Ulp. fr. 7 § 5 de pactis 2, 14.

> Quin immo interdum format (sc. nuda pactio) ipsam actionem, ut in bonae fidei iudiciis: solemus enim dicere pacta conuenta inesse bonae fidei iudiciis. sed hoc sic accipiendum est, ut si quidem ex continenti pacta subsecuta sunt, etiam ex parte actoris insint.

Hiernach war die Nebenberedung klagbar, wenn sie gleich bei Eingehung dem gutgläubigen Vertrage hinzugefügt worden. Das inesse bonae fidei iudiciis deutet an, dass die Klage aus dem Hauptvertrage auch zur Geltendmachung dieser Nebenberedung diente. Dies wird noch deutlicher ausgesprochen durch format nuda pactio ipsam actionem. Dabei ist eine Klage vorausgesetzt, auf welche die nuda pactio umgestaltend einwirkt; und diese Klage kann keine andere als die aus dem Hauptvertrage sein [60]). Diese Umgestaltung haben wir uns nach Gai 4, 131ᵃ näher so vorzustellen: dass man die betreffende Klage, wenn sie zur Geltendmachung der Nebenberedung benutzt wurde, mit einer Präscriptio versah.

Ich sagte schon früher [61]), dass uns diese Regel

---

60) Vgl. schon Glück, Pand. Bd. 4 S. 259 A. 84.
61) Siehe oben § 7 S. 62.

den Weg einigermassen zu versperren scheine. Es fragt sich indes zuvörderst: wann mag diese Regel entstanden sein? Pernice⁶²) will aus dem solemus .. dicere herleiten, dass wir es mit einem alten Spruche zu thun hätten. Diese Worte weisen aber nur auf eine Regel hin, die den Zeitgenossen Ulpian's geläufig war⁶³). In der That stossen wir auf eine Fassung ganz anderer Art bei Javolen fr. 21 Loc. cond. 19, 2. Hier heisst es nämlich: bona fides exigit, ut quod conuenit fiat. Und dazu stimmt eine Aeusserung von Labeo wie Trebatius bei Javolen fr. 79 C. E. 18, 1: ut id quod conuenerit fiat. Ein so lautender Satz lässt die Möglichkeit einer selbständigen Klage jedenfalls offen. Aber wenn wir auch die Regel, wie sie uns Ulpian vorführt, gelten lassen wollen, bleiben daneben Ausnahmen denkbar.

So wollen wir uns denn durch diese Regel nicht weiter beirren lassen und auf die Suche gehen nach selbständigen Klagen für die den gutgläubigen Verträgen hinzugefügten Nebenberedungen. Bei den unbenannten Realverträgen stiessen wir auf Meinungsverschiedenheiten unter den römischen Rechtsgelehrten: ob im einzelnen Falle in factum actio oder Klage mit Präscriptio zu gewähren. Solche Meinungs-

---

62) Labeo Bd. 1 S. 480.
63) Sanio, De antiquis regulis iuris pag. 25 zählt freilich solemus dicere zu denjenigen Wendungen, welche auf ältere Rechtsregeln hindeuten, im Gegensatz zu anderen Ausdrücken, die für jüngere Regeln gebräuchlich seien. Allein er fügt doch selber die Warnung hinzu, pag. 27: sed caue putes utriusque generis regulas ubique facillime discerni posse.

verschiedenheiten könnten ja auch sonst vorhanden gewesen sein. Aus diesem Grunde erscheint es zweckmässig: die Untersuchung nicht gleich auf die Klage mit Präscriptio zuzuspitzen; sondern die Frage mehr allgemein darauf zu stellen, inwiefern Nebenberedungen bei gutgläubigen Verträgen durch selbständige Klage geltend gemacht wurden.

β) § 13. Ein Ausspruch des Servius.

Bei Ulp. fr. 13 § 30 A. E. V. 19, 1 ist uns folgender Ausspruch des Servius aufbewahrt:

Si uenditor habitationem exceperit, ut inquilino liceat habitare, uel colono ut perfrui liceat ad certum tempus, magis esse Seruius putabat ex uendito esse actionem.

Der Verkäufer hat ausbedungen, dass der Mieter noch wohnen bleibe, oder der Pächter noch eine Zeit lang das Grundstück nutze: für beide Nebenberedungen gewährt Servius die Verkaufsklage, bringt also schon den Satz zur Anwendung 'pacta conuenta inesse bonae fidei iudiciis'. Für uns hat freilich mehr das magis esse Interesse, welches darauf schliessen lässt, dass die Sache damals noch zweifelhaft war. Die Zweifel können doppelter Art gewesen sein: man hielt solche Nebenberedungen überhaupt nicht für klagbar, oder man gewährte eine andere Klage. Andererseits beweist diese Stelle, dass die Verkaufsklage ursprünglich ein bestimmt beschränktes Anwendungsgebiet gehabt haben muss; und über den Ausgangspunkt können wir nicht füglich in Zweifel sein. Die Verkaufsklage wird zunächst lediglich dazu gedient haben, dem Verkäufer den bedungenen Kaufpreis zu verschaffen⁶⁴).

Ich kehre jetzt zum magis esse wieder zurück. Dass Nebenberedungen, wie sie uns hier entgegentreten, zur Zeit des Servius noch klaglos gewesen sein sollten, ist nicht sehr wahrscheinlich⁶⁵). Wenn sie aber einmal eine selbständige Klage erzeugten, so liegt es nahe, dabei an die praescriptio de pacto zu denken. Andererseits wird Servius bei seiner Verkaufsklage ebenfalls eine Präscriptio im Sinne gehabt haben, die diese Nebenberedung in sich aufnahm. So hätte denn die Entwicklung folgende sein können. Zunächst selbständige Klage mit Präscriptio de pacto. Etwa:

Ea res agatur quod $A^s A^s$ habitationem excepit, ut inquilino habitare liceret, quidquid paret $N^m N^m A^o A^o$ d. f. o. ex fide bona, eius iudex $N^m N^m A^o A^o$ c. s. n. p. a.

Sodann Verkaufsklage mit Präscriptio. Etwa:

Ea res agatur de habitatione excepta. Quod $A^s A^s N^o N^o$ domum uendidit, quidquid ob eam rem $N^m N^m A^o A^o$ dare facere oportet ex fide bona, eius iudex $N^m N^m A^o A^o$ c. s. n. p. a.

Mit dieser Neuerung des Servius war demnach die Zugehörigkeit der Nebenberedung zum Kaufgeschäfte formal zum Ausdruck gebracht.

---

64) Vgl. Bechmann, Kauf Bd. 1 S. 544.
65) Vgl. die Ausführungen bei Bechmann a. a. O. S. 656 flg.

γ) § 14. Labeo.

Denselben Weg wie Servius sehen wir Labeo wandeln bei Ulp. fr. 11 § 4 Loc. cond. 19, 2.

Inter conductorem et locatorem conuenerat, ne in uilla urbana faenum componeretur: composuit: deinde seruus igne illato se occidit (succendit). ait Labeo teneri conductorem ex locato, quia ipse causam praebuit inferendo contra conductionem (conuentionem).

Zwischen Pächter und Verpächter ist ausbedungen, dass kein Heu in der uilla urbana zusammengelegt werde. Bei einer Villa hatte man nämlich Dreierlei zu unterscheiden: die uilla urbana, rustica, fructuaria [66]). Die urbana war das eigentliche Herrenhaus, die fructuaria diente zur Aufbewahrung des Getreides, Heus u. s. w. Der Vereinbarung zuwider ist das Heu statt in der fructuaria in der urbana zusammengelegt worden. Ein Sklave hat das Heu angezündet. Labeo macht mit der Verpachtungsklage den Pächter für den Schaden verantwortlich. Und wie Ulpian dem Labeo zuzustimmen scheint, macht Hermogenian in dem sich anschliessenden fr. 12 von dieser Verpachtungsklage noch erweiterten Gebrauch. Begründet wird die Klage damit, dass das contractwidrige Benehmen des Pächters wenigstens die mittelbare Ursache gewesen sei. Diese Begründung zeigt uns ebenfalls auf eine andere Klage hin, aber nicht auf die Präscriptio de pacto. Hier

---

66) Columella de re rust. 1, 6.

wird nämlich das Verhältnis der Contractsklage zur Aquilischen berührt. Ursprünglich konnte nur der Thäter selber, nicht ein dritter für den Thäter mit der Aquilischen Klage verantwortlich gemacht werden, während sich dies bei der Contractsklage schon anders verhielt⁶⁷). Für eine selbständige Klagbarkeit des Pactum ergebe mithin diese Stelle nichts, es sind aber noch sonstige Aussprüche von Labeo vorhanden.

Jauolenus libro quinto ex posterioribus Labeonis fr. 79 C. E. 18, 1.

Fundi partem dimidiam ea lege uendidisti, ut emptor alteram partem, quam retinebas, annis decem certa pecunia in annos singulos conductam habeat. Labeo et Trebatius negant posse ex uendito agi, ut id quod conuenerit fiat. ego contra puto, si modo ideo uilius fundum uendidisti, ut haec tibi conductio praestaretur: nam hoc ipsum pretium fundi uideretur, quod eo pacto uenditus fuerat; eoque iure utimur.

Es hat jemand die eine Hälfte seines Grundstückes unter der Bedingung verkauft, dass der Käufer die andere Hälfte auf zehn Jahre gegen bestimmte Summen in Pacht nehme. Hier tragen Labeo und Trebatius Bedenken, die Verkaufsklage auf die Nebenberedung auszudehnen. Javolen will

---

67) Dies ist noch der Standpunkt des Alfenus Varus in fr. 30 § 2 Loc. cond. 19, 2: sed lege Aquilia tantum cum eo agi posse, qui tum mulas agitasset; ex locato, etiam si alius eas rupisset, cum conductore recte agi.

sie dann zulassen, wenn wegen der Verpachtung die andere Hälfte des Grundstückes billiger verkauft sei: denn in diesem Falle erscheine der vorteilhafte Pachtabschluss als ein Teil des Kaufpreises und stehe mithin zum Verkaufe in Beziehung. Diese Begründung gestattet einen Schluss auf den Zweifelsgrund des Labeo und Trebatius. Die Verpachtung eines ganz andern Gegenstandes lag nach ihrer Meinung dem eigentlichen Inhalte des Kaufvertrages so fern: dass sie sich nicht entschliessen konnten, die Verkaufsklage hierfür zu gewähren. Einem ähnlichen Gedanken begegnen wir später bei Papinian [68]), der die Klaglosigkeit der einem Kaufe nachträglich hinzugefügten Beredungen nur für den Fall behauptete, si .. aliquid extra naturam contractus conueniat [69]). Pernice [70]) meint: die Bedenken des Labeo und Trebatius seien durch den Umstand her-

---

68) fr. 7 § 5 de pactis 2, 14.

69) Also waren sie klagbar, si .. aliquid secundum naturam contractus conueniat. Dieser anscheinend dem Responsenwerke -- responsum scio a Papiniano -- entlehnte Ausspruch Papinian's bedeutet doch wohl einen Fortschritt gegenüber der von Papinian in seinen Quästionen fr. 72 pr C. E. selber vorgetragenen Regel: pacta conuenta, quae postea facta . aliquid emptioni ... adiciunt, credimus non inesse. Bisher scheint dieses kaum zu umgehende argumentum a contrario nicht gewürdigt zu sein. Von einem andern Gesichtspunkte aus gelangen für solche nachträgliche Nebenberedungen zu einer Klagbarkeit Paulus fr. 72 pr. C. E. und fr. 27 § 2 de pactis, sowie Pomponius und Ulpian fr. 7 § 6 de pactis. Die Regel wiederholt c. 13 de pactis 2, 3. — Vgl. ferner fr. 11 § 6 A. E. V 19, 1; c. 6 eodem 4, 49 und dazu unten § 15 a. E.

70) Labeo Bd. I S. 481.

vorgerufen, dass der Preis nicht in einer bestimmten Summe entrichtet werde. Indessen dass die Gegenleistung des Käufers in einer bestimmten Geldsumme bestehen müsse, ist ein Satz, den erst Nerva und Proculus durchzubringen versuchten, und der noch lange streitig blieb [71]). Ferner handelt es sich ja auch nur um eine andere Leistung neben einer bestimmten Geldleistung. Javolen soll nach Pernice den vermeintlichen Grundsatz dadurch gerettet haben, dass der zu zahlende Pachtzins auf den Kaufpreis angerechnet werde. Das geht aber doch gar nicht ohne weiteres, dass man einen Pachtzins auf den Kaufpreis anrechnet; derselbe soll in erster Linie eine Vergütung sein für die Nutzung: nur bei einer für den Verkäufer und Verpächter vorteilhaften Verpachtung bleibt ein unbestimmter Betrag zum Anrechnen übrig, wie Javolen ausdrücklich sagt: si modo ideo uilius uendidisti.

Einen verwandten Fall erörtert Paul. fr. 21 § 4 A. E. V. 19, 1 :

> Si tibi fundum uendidero, ut eum conductum certa summa haberem, ex uendito eo nomine mihi actio est, quasi in partem pretii ea res sit.

und Hermogenianus fr. 75 C. E. 18, 1.

> Qui fundum uendidit, ut eum certa mercede conductum ipse habeat .. ad complendum id, quod pepigerunt, ex uendito agere poterit.

---

[71]) fr. 1 § 1 C. E. 18,1; § 2 de empt. et uend. 3, 23; Gai 3, 141.

Hier behält sich der Verkäufer eines Grundstückes vor, dass er dasselbe noch in Pacht behalten könne. Paulus fasst diese Pachtberedung als einen Teil des Kaufpreises auf, d. h. den Vorteil, den diese Pachtung dem Verkäufer abzuwerfen im Stande ist; und gewährt demgemäss wegen dieser Verabredung die Verkaufsklage. Wir haben hier also dieselbe Begründung wie bei Javolen; nur dass Paulus nicht bedingt spricht, sondern die Einwirkung der Pachtberedung auf den Kaufpreis als selbstverständlich annimmt. Pernice legt Paulus denselben Gedanken wie dem Javolen unter: dass der zu zahlende Pachtzins auf den Kaufpreis angerechnet worden. Aber hier ist ja gar kein Pachtgeld an den Verkäufer, sondern vielmehr von dem Verkäufer zu zu zahlen. Hermogenian hält es gar nicht mehr für nötig, die Verkaufsklage noch besonders zu begründen.

So können wir denn deutlich verfolgen, wie im Falle einer Pachtberedung neben Kauf die Contractsklage allmählich erstarkte. Trebatius und Labeo wollen von derselben nichts wissen; Javolen lässt sie unter Voraussetzungen zu; Paulus und Hermogenian gewähren sie unter allen Umständen. Paulus hält eine Begründung noch für nötig, wovon Hermogenian schon absieht.

Es bleibt noch die Frage übrig, wie sich Trebatius und Labeo mögen geholfen haben. Die Worte agi ut id quod conuenerit fiat scheinen darauf hinzuweisen, dass beide das Pactum als solches mit selbständiger Klage ausstatteten. Was hier nur angedeutet, wird für Labeo durch folgende Stelle ausdrücklich bewiesen.

Ulp. fr. 50 C. E. 18, 1.

Labeo scribit, si mihi bibliothecam ita uendideris, si decuriones Campani locum mihi uendidissent, in quo eam ponerem, et per me stet, quo minus id a Campanis impetrem, non esse dubitandum, quin praescriptis uerbis agi possit. ego etiam ex uendito agi posse puto quasi impleta condicione, cum per emptorem stet, quo minus impleatur.

Es hat jemand eine Büchersammlung unter der Bedingung verkauft, dass der Senat von Capua dem Käufer einen Platz verkaufe, wo er sie aufstellen könne. Diesem Käufer fällt es indes gar nicht ein, beim Senat einen desfallsigen Antrag zu stellen. Hier gewährt Labeo eine Klage mit Präscriptio, die dem ganzen Zusammenhang nach nur darauf gerichtet sein kann, dass der Antrag an den Senat gelange. Denn das Hindernis, welches sich der Ausführung des in Bezug auf die Bibliothek abgeschlossenen Kaufvertrages entgegenstellt, das si .. per me stet quo minus id a Campanis impetrem soll ja durch diese Klage bekämpft werden.

Zunächst ist diese Stelle in staatsrechtlicher Beziehung nicht ohne Interesse. Capua verlor bekanntlich im Jahre 543/211 seine Stadtverfassung, insonderheit seinen Senat[72]). Es wurde von Präfekten regiert, die später unter dem Beinamen Capuam

---

72) Liu. 26, 16 § 9.

Cumas vorkommen, und die noch unter Augustus bestanden haben müssen [73]). Als der vorliegende Fall sich zutrug und Labeo ihn erörterte, wird Capua jedenfalls schon wieder im Besitze eines Senates gewesen sein. Dieser Senat erscheint als befugt, das betreffende Grundstück zu verkaufen. Das ist ebenfalls bemerkenswert. Nach der lex Malacitana 2, 64 steht diese Verkaufsbefugnis in Bezug auf praedes und praedia zu II uiris qui ibi iure dicundo praeerunt, ambobus alteriue eorum ex decurionum conscriptorumque decreto. Nach der lex col. Gen. Iuliae c. 82 durften überhaupt nicht veräussert werden: qui agri quaeque siluae quaeque aedificia colonis coloniae Genetiuae Iuliae, quibus publice utantur, data adtributa erunt.

Was sodann die Klage mit Präscriptio anbetrifft, die Labeo in Bezug auf die Nebenberedung gewährt, so können wir uns doch wohl kaum der Annahme verschliessen: dass wir hier einen Anwendungsfall der Präscriptio de pacto gefunden haben. Die Verkaufsklage hier zuzulassen, mochte Labeo um deswillen bedenklich vorkommen: weil er den Kaufvertrag so lange noch für bedingt gehalten haben wird, als der Verkauf des Platzes nicht wirklich stattgefunden hatte, und Klagen aus bedingten Rechtsgeschäften allgemeinen Grundsätzen zufolge unzulässig waren. Die Formel wäre etwa so zu bilden:

Ea res agatur quod A^s A^s bibliothecam N^o N^o ita uendidit, si decuriones Campani locum

---

[73] Mommsen, Röm. Staatsr. Bd. 2³ S. 609, Bd. 3 S. 782 Anm. 2.

N⁰ Nᵘ uendidissent, et per eum stetit, quo minus id a Campanis impetrasset; quidquid paret Nᵐ Nᵐ A⁰ A⁰ d. f. o. ex fide bona eius iudex Nᵐ Nᵐ A⁰ Aᵘ c. s. n. p. a.

Freilich sind die Voraussetzungen und der Zweck dieser Klage mit Präscriptio von neuern Schriftstellern wesentlich anders aufgefasst worden. — Scheurl [74]) legt in die Stelle hinein, dass der Verkäufer die Bibliothek schon tradiert gehabt hätte. Diese Annahme ist durchaus willkürlich und nichts weiter als Ausfluss jener irrigen Ansicht: als ob die in Frage stehende Klage nur zur Geltendmachung von unbenannten Realverträgen gedient hätte [75]). — Pernice [76]) stellt als 'einzig annehmbare Erklärung' dieser actio praescriptis uerbis die hin: 'um damit den Käufer zur Annahme des vom Stadtrate ihm angebotenen Platzes zu zwingen'. Ein solcher Zwang zur Annahme wäre nichts anderes als eine Klage auf Abnahme einer Leistung. Derartige Klagen kennt aber das römische Recht nicht einmal in Bezug auf Leistungen, welche die den Vertrag Schliessenden sich selber zu machen haben; geschweige denn in Bezug auf Leistungen Dritter. Ferner heisst es hier von Labeo: 'er fasst also die in condicionaler Form ausgesprochene Klausel nicht

---

74) Nebenbestimmungen S. 170.
75) Siehe dagegen z. B. schon Ubbelohde, Arch. für die civ. Pr. Bd. 59 S. 252; Pernice, Krit. Vierteljahrsschr. Bd. 10 S. 93; Bekker, Aktionen Bd. 2 S. 151 Anm. 32; Voigt, Ius naturale Bd. 3 S. 976.
76) Labeo Bd. 1 S. 482.

als Bedingung auf, denn auf deren Erfüllung konnte nicht geklagt werden, sondern als Modus'. Indessen den Begriff Modus beschränkt man besser auf Schenkungen und letztwillige Zuwendungen. Auch dürfte die Umwandlung einer Bedingung in einen Modus kaum zulässig sein. Zwar pflegt man auf diese Weise fr. 8 § 6 de cond. inst. 28, 7 zu erklären. Hier wird aber nur die Bedingung: eine gewisse Leistung eidlich zu versprechen — verwandelt in die andere Bedingung: die Leistung selber vorzunehmen. Jedenfalls sind solche Modus-Gedanken bei Labeo nicht zu finden, vielmehr dürfte die Sache folgendermassen liegen. Der fragliche Kaufvertrag ist in der That ein bedingter, da seine Wirksamkeit durch die Beredung 'si decuriones Campani locum mihi uendidissent' ins Ungewisse gestellt worden: der Senat von Capua hätte ja den Verkauf eines derartigen Platzes rundweg ablehnen können. Andererseits enthielt aber dieser bedingte Kaufvertrag stillschweigend den unbedingten Nebenvertrag: dass der Kaufliebhaber der Bibliothek mit dem Senate von Capua wegen des fraglichen Platzes in Unterhandlung trete. Verwandte Fälle, wie sie heutzutage häufig vorkommen, sind folgende: ein Erbpächter verkauft seine Erbpachtstelle, hinzukommen muss die Genehmigung der Grundherrschaft; ein Pächter steht seine Pachtung ab, wozu die Genehmigung des Verpächters erforderlich. Hier haben wir ebenfalls einen bedingten Verkauf der Erbpachtstelle und einen bedingten Pachtabstand. Aber neben diesen bedingten Rechtsverhältnissen besteht die unbedingte

Verpflichtung des Verkäufers und Pachtabstehers, die Genehmigung bei der Grundherrschaft, bezw. dem Verpächter zu beantragen. Einen solchen unbedingten Nebenvertrag mit Klage auszustatten, steht nichts im Wege, obwohl sich derselbe an ein bedingtes Geschäft anlehnt. Und weiter hat Labeo nichts gethan[77]). — Pernice wirft endlich die Frage auf: ob die Ansicht des Labeo vielleicht damit in Zusammenhang stehe, dass Kaufverträge in alter Zeit keine Bedingung duldeten[78]). Das glaube ich nicht. Die Gültigkeit des bedingten Kaufvertrages kann Labeo um so weniger bezweifelt haben, als er ja gerade durch seine Klage mit Präscriptio darauf hinarbeitet, dass die Bedingung in Erfüllung gehe. Wobei noch darauf hingewiesen sein mag, dass eine solche Klage mit Präscriptio eine unmittelbare Erzwingung der betreffenden Leistung sehr wohl gestattete[79]).

Was Ulpian anbetrifft, so lässt er die von Labeo befürwortete Klage mit Präscriptio ebenfalls gelten, versucht aber noch eine andere Lösung. Wenn es nämlich nur am Käufer der Bibliothek liegt, dass der Platz nicht angekauft wird, kann die Bedingung als erfüllt gelten. Dies hängt zusammen mit einer

---

77) Diese Klagbarkeit der unbedingten Nebenberedungen bei bedingten Rechtsgeschäften wird auch von andern Schriftstellern nicht scharf ins Auge gefasst. So spricht Bechmann, Kauf Bd. 2 S. 238 in einem verwandten Falle von einem Hysteron Proteron.
78) Vgl. Gai 3, 146.
79) Siehe oben § 4 S. 29 flg.

Entwicklung, die beim statuliber anhebt[80]), für die nach Julian [81]) bei Legat und Erbeinsetzung plerique, bei Stipulationen quidam eintraten; während sich Ulpian in Bezug auf alle diese Fälle schon ganz entschieden ausspricht [82]). Und diese Regel — dass eine Bedingung als erfüllt gelte, falls der bedingt Verpflichtete die Erfüllung hindere — wendet Ulpian in unserer Stelle beim bedingten Kaufe ebenfalls an, was dem Labeo noch ferne gelegen haben wird. In diesem Falle bezweckt aber die Verkaufsklage nicht die Erfüllung des Nebenvertrages, sondern die Erfüllung der Hauptverbindlichkeit, da der Nebenvertrag als erfüllt angesehen wird.

b) § 15. Nebenberedungen betreffend die Auflösung eines Kaufgeschäftes.

So sind denn die bisherigen Untersuchungen doch nicht ganz fruchtlos gewesen in Bezug auf eine selbständige Klage für Nebenberedungen bei gutgläubigen Obligationen, insonderheit ist uns auch die Klage mit Präscriptio entgegengetreten. Andererseits stellt sich uns freilich der Satz in den Weg 'pacta conuenta inesse bonae fidei iudiciis'. Und wir sahen, wie er im Laufe der Zeit mehr und mehr erstarkte. Indessen trägt man doch Bedenken, die

---

80) Festus Wort statuliber, Müller, S. 314, Thewrewk de Ponor S. 458; Ulp. fr. 3 § 1 de statuliberis 40, 7; Jhering, Geist Bd. 2³ S. 170 Anm. 235.

81) fr. 24 C. et D. 35, 1.

82) fr. 161 R. I. 50, 17.

Hauptklagen allgemein zu gewähren. Und hier fanden wir als abgrenzenden Grundgedanken: die Nebenberedung darf nicht über die Natur des Hauptgeschäftes hinausgehen, es darf nichts vereinbart sein extra naturam contractus. In dieser Beziehung verdienen diejenigen Nebenberedungen eine nähere Betrachtung, welche eine Auflösung des Hauptgeschäftes bezwecken, wie dies namentlich beim Kauf vorkommt. Hier kann man wirklich zweifelhaft werden: bewegt sich ein solcher Auflösungsgedanke noch innerhalb der Schranken des Hauptgeschäftes? Sehen wir zu, was wir darüber verzeichnet finden. Es kommen vorzugsweise fünf Arten von Nebenberedungen in Betracht.

1. **Das dem Käufer eingeräumte Rücktrittsrecht, sog. pactum displicentiae.**

Hier gestattet bereits Sabinus die Verkaufsklage. Daran scheint man indes andererseits lebhaften Anstoss genommen zu haben, weil noch Paulus zwischen dieser und einer proxima empti in factum actio die Wahl lässt. Paul. fr. 6 resc. uend. 18, 5.

Si conuenit, ut res, quae uenit, si intra certum tempus displicuisset, redderetur, ex empto actio est, ut Sabinus putat, aut proxima empti in factum datur.

Czyhlarz[83] hält diese in factum für die redhibitoria actio. Schwerlich mit Recht, obwohl

---

83) Resolutivbedingung S. 47 Anm. 12.

sich Bechmann [84]) damit einverstanden erklärt. Einerseits konnte redhibitorisch nur bei den Aedilen geklagt werden, denn nur deren Album enthielt eine formula redhibitoria. Und es ist doch sehr wohl möglich, dass Paulus einen Fall vor Augen hatte, der gar nicht zur Competenz der Aedilen gehörte. Zu dieser Annahme nötigt sogar einigermassen das proxima empti, da die formula ex empto sich im Album des Prätors befand. Andererseits haben wir es hier mit einer Klage zu thun, die gegeben wird, also gar nicht im Album stand: datur im Gegensatz zu actio est; das Präsens datur in der Bedeutung des Futurums.

2. Das Rückkaufsrecht des Verkäufers.

In dieser Beziehung befürwortet Proculus ein in factum iudicium. Proculus fr. 12 de praesc. uerb. 19, 5.

> Si uir uxori suae fundos uendidit et in uenditione comprehensum est conuenisse inter eos, si ea nupta ei esse desisset, ut eos fundos, si ipse uellet, eodem pretio mulier transcriberet uiro: in factum existimo iudicium esse reddendum idque et in aliis personis obseruandum est.

Ein Ehemann hat seiner Ehefrau Grundstücke verkauft. Dabei ist für den Fall der Scheidung ausbedungen: dass die Frau dem Manne, wenn er es verlange, diese Grundstücke zu demselben Preise

---

[84] Kauf Bd. 2 S. 544.

buche, transcriberet. Die Frau wird sich demnach verpflichtet haben, für diese Grundstücke zu Lasten ihres Mannes denselben Preis als Ausgabeposten in ihr Hausbuch einzutragen, den sie selber dafür gegeben: sei es nun, dass dieser Preis von ihr baar bezahlt, oder vielleicht nur — was näher liegt — umgekehrt vom Ehemann auf dem Folium seiner expensa zu Ungunsten der Frau verzeichnet war. Ganz fest steht freilich nicht, wie wir uns dieses transcribere näher zu denken haben [85]. — Den Compilatoren wird bei diesem Fall ein unbenannter Realvertrag vorgeschwebt haben, da die Stelle im Digestentitel de praescriptis uerbis Aufnahme gefunden.

Andererseits tritt uns freilich ein solches dem Käufer eingeräumtes Rücktrittsrecht entgegen in dem Codextitel, welcher von Nebenberedungen beim Kaufe handelt, nämlich in c. 2 de pactis inter empt. et uend. 4, 54 vom J. 222.

Si fundum parentes tui ea lege uendiderunt, ut, siue ipsi siue heredes eorum emptori pretium quandoque uel intra certa tempora obtulissent, restitueretur, teque parato satis facere condicioni dictae heres emptoris non paret, ut contractus fides seruetur, actio praescriptis uerbis uel ex uendito tibi dabitur, habita ratione eorum, quae post oblatam ex pacto quantitatem ex eo fundo ad aduersarium peruenerunt.

[85] Vgl. Keller, Institutionen § 125; Danz, Gesch. des röm. Rechts Bd. 2² S. 43 flg.; Baron, Gesch. des röm. Rechts Bd. 1 S. 215 flg.

Hier wird nun die Wahl gelassen zwischen Klage mit Präscriptio und Verkaufsklage. Zu beachten ist, dass es hinsichtlich der letzteren ebenfalls dabitur heisst. Denn so ohne weiteres fertig war ja für diesen Fall die Verkaufsklage gar nicht, da sie noch erst mit Präscriptio versehen werden musste, die wir uns etwa in dieser Fassung vorstellen können: Ea res agatur, quod parentes fundum ea lege uendiderunt, ut, siue ipsi siue heredes eorum emptori pretium obtulissent, restitueretur, heresque paratus est satis facere condicioni dictae. Neben einer solchen Präscriptio erscheint dann freilich eine nochmalige Demonstratio recht überflüssig, so dass man sich eher entschliessen mochte: gleich die Intentio anzuhängen, also die actio praescriptis uerbis zu gewähren.

Ein besonderer Fall ist der, dass der verkaufende Pfandgläubiger dem Pfandschuldner das Rückkaufsrecht vorbehält. Ulp. fr. 13 pr. de pign. act. 13, 7.

Si, cum uenderet creditor pignus, conuenerit inter ipsum et emptorem, ut, si soluerit debitor pecuniam pretii emptori, liceret ei recipere rem suam, scripsit Iulianus et est rescriptum ob hanc conuentionem pigneraticiis actionibus teneri creditorem, ut debitori mandet ex uendito actionem aduersus emptorem. sed et ipse debitor aut uindicare rem poterit aut in factum actione aduersus emptorem agere.

Hier erwirbt nach Julian, dessen Ansicht durch kaiserliche Rescripte bestätigt worden, der Pfandgläubiger eine Verkaufsklage, die er dem Pfandschuldner abtreten muss. Mit demselben Falle beschäftigt sich Marcian fr. 7 § 1 de distr. pign. 20, 5, ohne dass hier indes die Klage näher angegeben wäre. Die am Schluss der ausgeschriebenen Stelle dem Pfandschuldner eingeräumte in factum actio soll augenscheinlich den Platz der abzutretenden Verkaufsklage einnehmen [86]).

3. Vorkaufsrecht des Verkäufers.

Zur Geltendmachung eines Vorkaufsrechtes gewähren Paulus und Hermogenian die Verkaufsklage.
Paul. fr. 21 § 5 A. E. V. 19, 1.
> Sed et si ita fundum tibi uendidero, ut nulli alii eum quam mihi uenderes, actio eo nomine ex uendito est, si alii uendideris.

Hermogenianus fr. 75 C. E. 18, 1.
> Qui fundum uendidit, ut .. si uendat, non alii, sed sibi distrahat uel simile aliquid paciscatur: ad complendum id, quod pepigerunt, ex uendito agere poterit.

4. Lex commissoria.

Nach der lex commissoria hat der Verkäufer das Recht, vom Vertrage zurückzutreten, falls der Käufer seinen Verbindlichkeiten nicht rechtzeitig nachkommen sollte. Ausser dem Hauptanspruche können dabei noch Nebenansprüche in Frage kommen. Auf einen derartigen Nebenanspruch bezieht

---

86) Vgl. Windscheid, Pand. Bd. 2⁷ § 316 Anm. 8.

sich zuvörderst folgende Stelle. Neratius fr. 5 de lege comm. 18, 3.

> Lege fundo uendito dicta, ut, si intra certum tempus pretium solutum non sit, res inempta sit, de fructibus, quos interim emptor percepisset, hoc agi intellegendum est, ut emptor interim eos sibi suo quoque iure perciperet: sed si fundus reuenisset, Aristo existimabat uenditori de his iudicium in emptorem dandum esse, quia nihil penes eum residere oporteret ex re, in qua fidem fefellisset.

Statt quoque vermutet Mommsen quosque. Allein quoque wird distributiv zu nehmen sein. Suo quoque iure heisst 'nach seinem jeweiligen Rechte', wie man sagt, primo quoque die, quanto quoque anno u. s. w. — Das Grundstück ist inzwischen zum Verkäufer zurückgekehrt, wie wird es mit den in der Zwischenzeit gezogenen Früchten? Aristo befürwortet ein iudicium. Dabei könnte man wegen des dandum esse zur Not wohl an eine Verkaufsklage denken, weil diese ja erst mit Präscriptio versehen werden musste. Näher liegt es aber, darunter eine selbständige Klage zu verstehen; zumal gar kein Name genannt wird. Der Proculianer Neratius wird dem zugestimmt haben.

Pomponius, welchen man den Sabinianern zuzuzählen pflegt, war anderer Ansicht. Pomp. fr. 6 § 1 C. E. 18, 1.

> Si fundus annua bima trima die ea lege uenisset, ut, si in diem statutum pecunia soluta non esset, fundus inemptus foret, et ut, si

interim emptor fundum coluerit fructusque ex eo perceperit, inempto eo facto restituerentur, et ut, quanti minoris postea alii uenisset, ut id emptor uenditori praestaret: ad diem pecunia non soluta placet uenditori ex uendito eo nomine actionem esse. nec conturbari debemus, quod inempto fundo facto dicatur actionem ex uendito futuram esse: in emptis enim et uenditis potius id quod actum, quam id quod dictum sit sequendum est, et cum lege id dictum sit, apparet hoc dumtaxat actum esse, ne uenditor emptori pecunia ad diem non soluta obligatus esset, non ut omnis obligatio empti et uenditi utrique solueretur.

Pomponius gewährt hier nicht bloss wegen der Hauptsache, des Kaufgegenstandes, sondern auch wegen zweier besonders ausbedungener Nebenleistungen, Früchte und Preisunterschied im Falle eines Mindererlöses bei anderweitigem Verkaufe, die Verkaufsklage. Er hält es aber für nötig, seine Ansicht ausführlich zu begründen. Daraus mögen wir abnehmen, dass dieser Punkt in damaliger Zeit noch sehr streitig war. Das Bedenken, das Pomponius zu widerlegen sucht, wird von den Gegnern vorgebracht sein. Man wird eingewandt haben: wie kann nach Auflösung des Kaufgeschäftes noch an eine Verkaufsklage gedacht werden! Dem gegenüber bemerkt Pomponius: beim Kaufgeschäft komme es nicht auf den Wortlaut, sondern die Absicht der den Vertrag Schliessenden an. Das werden die Gegner kaum bestritten haben. Es handelt sich hier in der That nicht um eine Frage der Auslegung, sondern des Klagensystems. Die einen gewährten zur Erreichung desselben Zweckes die Verkaufsklage, wo die andern eine selbständige Klage befürworteten. Die Gegner des Pomponius wollten offenbar nicht zugeben, dass zwei so grundverschiedene Dinge wie Erfüllung und Auflösung eines Rechtsgeschäftes durch eine und dieselbe Klage zu erwirken sein sollten.

Auch ist die Streitfrage durch Pomponius keineswegs aus der Welt geschafft worden; denn noch bei Ulpian taucht derselbe Zweifelsgrund auf, den Pomponius zu beseitigen suchte. Ulpian vermeidet indes eine wissenschaftliche Erörterung, beruft sich vielmehr auf Rescripte der Kaiser Antoninus und Seuerus (198—211), welche die Frage allerdings im entgegengesetzten Sinne entschieden hatten. Ulp. fr. 4 pr. de lege comm. 18, 3.

> Si fundus lege commissoria uenierit, hoc est ut, nisi intra certum diem pretium sit exsolutum, inemptus fieret, uideamus, quemadmodum uenditor agat tam de fundo quam de his, quae ex fundo percepta sint; itemque si deterior fundus effectus sit facto emptoris. et quidem finita est emptio. sed iam decisa quaestio est ex uendito actionem competere, ut rescriptis imperatoris Antonini et diui Seueri declaratur.

In gleicher Weise entscheidet sich für die Verkaufsklage eine Constitution des Kaisers Seuerus Alexander (222—235). c. 3 de pact. int. empt. et uend. 4, 54.

> Qui ea lege praedium uendidit, ut, nisi reli-

quum pretium intra certum tempus restitutum esset, ad se reuerteretur, si non precariam possessionem tradidit, rei uindicationem non habet, sed actionem ex uendito.

5. In diem addictio.

Hat sich der Verkäufer das Rücktrittsrecht für den Fall vorbehalten, dass ein dritter mehr bieten würde, und ist dann dieser Fall eingetreten; so können nicht bloss für den Verkäufer Haupt- und Nebenansprüche begründet sein, auch der Käufer kann zu fordern haben. Für die Ansprüche des Verkäufers gewährt der Sabinianer Julian unter anscheinender Zustimmung Ulpian's die Verkaufsklage. Ulp. fr. 4 § 4 de in diem add. 18, 2.

> Idem Iulianus libro octagensimo octauo digestorum scripsit eum, qui emit fundum in diem, interdicto quod ui aut clam uti posse .. sed eam actionem sicut fructus, inquit, quos percepit, uenditi iudicio praestaturum.

Ein Rescript des Kaisers Seuerus (193—198) sprach ausdrücklich aus: dass nicht bloss auf Seiten des Verkäufers, sondern auch auf Seiten des Käufers klagbare Ansprüche vorhanden sein könnten, ohne indes die Klagen näher anzugeben. Ulpian erläutert dieses Rescript dahin, dass dasselbe von der Kaufs- und Verkaufsklage zu verstehen sei. Ulp. fr. 16 de in diem add. 18, 2.

> Imperator Seuerus rescripsit: 'sicut fructus in diem addictae domus, cum melior condicio fuerit allata, uenditori restitui necesse est,

ita rursus quae prior emptor medio tempore necessario probauerit erogata, de reditu retineri, uel, si non sufficiat, solui aequum est'. et credo sensisse principem de empti uenditi actione.

Von allgemeinerem Interesse ist ein Ausspruch Papinian's L. III resp. fr. Vat. 14.

Lege uenditionis inempto praedio facto fructus interea perceptos iudicio uenditi restitui placuit, quoniam eo iure contractum in exordio uidetur, sicut in pecunia quanto minoris uenierit ad diem pretio non soluto. cui non est contrarium iudicium ab aedilibus in factum de reciperando pretio mancipio (mancipi quod) redditur, quia displicuisse proponitur: quod non erit necessarium, si eadem legem (lege) contractum ostendatur.

Was den Text anbetrifft, so macht mancipio Schwierigkeiten. Die einfachste Abhülfe ist wohl, o in q = quod zu verwandeln [87]. Das kommt dem Sinne nach auf dasselbe hinaus, was Mommsen vorschlägt: mancipii statt mancipio, quod vor iudicium eingeschoben. — Papinian nimmt hier seinen Ausgang von der lex commissoria. Wegen der in der Zwischenzeit gezogenen Früchte soll die Verkaufsklage zustehen. Der Fall wird mithin so gedacht, dass die Sache selber bereits zurückgegeben worden.

---

87) So ist z. B. Gai. 4, 17 'quis' verschrieben für 'ouis'.

Ebenso verhalte es sich mit Erstattung des Preisunterschiedes, wenn bei anderweitigem Verkaufe ein geringerer Preis erzielt worden. Also Verkaufsklage wegen zweier Nebenleistungen. Zurückgeführt wird diese Verkaufsklage auf ein placuit. Darunter werden wir hier das Eingreifen der kaiserlichen Gesetzgebung zu verstehen haben, insonderheit die Rescripte der Kaiser Antoninus und Seuerus, auf welche sich Ulpian fr. 4 pr. de lege comm. 18, 3 beruft — die Responsa Papinian's sind unter Seuerus und Caracalla geschrieben, insonderheit das vierte Buch schon nach 206 [88]). Als Grund für diese Rechtsbildung wird angegeben: quoniam eo iure contractum in exordio uidetur. Das könnte so aus den kaiserlichen Constitutionen herübergenommen sein. Damit ist freilich eine ganz andere Grundlage gewonnen. Alles, was bei Eingehung eines Vertrages ausbedungen, wird mit der betreffenden Vertragsklage geltend gemacht. Es wird nicht mehr gefragt, ob die Nebenberedung der Natur des Vertrages entspreche, oder darüber hinausgehe. Insonderheit ordnet sich Papinian dieser neuen Auffassung vollständig unter. Die Untersuchung des extra naturam verlegt er dem entsprechend auf die nachträglichen Vereinbarungen, wie uns dies von Ulpian in fr. 7 § 5 de pactis 2, 14 berichtet wird [89]). In unserer Stelle ist Papinian bemüht, sich noch mit einem Zweifelsgrunde abzufinden, hergenommen von einem iudi-

---

88) Fitting, Alter S. 31.
89) Siehe oben § 14 Anm. 69.

cium in factum quod redditur ab aedilibus. Dieses iudicium in factum ist verschieden aufgefasst worden. Einzelne denken dabei an die in factum actio ad pretium reciperandum, wovon fr. 13 § 17 de aed. ed. 21, 1 handelt[90]); andere verstehen darunter die in factum actio ad redhibendum, die in § 22 ebendaselbst erwähnt wird[91]); noch andere lassen es dahingestellt sein, ob die eine oder die andere dieser Klagen gemeint sei[92]). Vielleicht ist keine von diesen Ansichten die richtige. Das hier in Frage stehende in factum iudicium geht nämlich einerseits lediglich auf Rückzahlung des Preises, die Sache wird mithin schon zurückgegeben sein; andererseits lehnt es sich an ein sog. pactum displicentiae an. Mit der in factum actio des fr. 31 § 17 de aed. ed. hat unser iudicium freilich das gemein, dass es sich lediglich um Wiedererlangung des Preises handelt; dagegen steht ein Rücktrittsrecht, welches auf vorheriger Vereinbarung beruhte, hier gar nicht in Frage. In fr. 31 § 22 ebendaselbst haben wir allerdings ein derartiges Rücktrittsrecht; die hier gestattete in factum actio beschränkt sich indessen nicht auf eine Wiedererlangung des Preises, sondern geht auf ein redhibere d. h. Aufhebung des Kaufes nach beiden Seiten hin. Zudem bleibt fraglich, ob

---

90) So Huschke, Jurispr. anteiust. zu dieser Stelle; Bechmann, Kauf Bd. 2 S. 545.

91) Fitting in Goldschmidt's Ztschr. f. Handelsrecht Bd. 2 S. 270.

92) Goldschmidt in seiner Zeitschrift Bd. 1 S. 125 Anmerk. 40, vgl. mit S. 121 Anm. 30.

unser iudicium überhaupt im Album stand. Reddere wird nämlich gerne da gesagt, wo die Formel besonders concipiert werden musste [93]); scheint also ein Kunstausdruck gewesen zu sein. Angelehnt haben wird sich unser iudicium allerdings an den Fall des fr. 31 § 22 de aed. ed. — Dieses iudicium flösst Papinian Bedenken ein. Das setzt folgenden vermittelnden Gedanken voraus: so gut wie bei der lex commissoria dem Verkäufer die Verkaufsklage wegen der Nebenleistungen zusteht, muss dem Käufer beim sog. pactum displicentiae zur Wiedererlangung des Preises die Kaufklage gewährt werden. Das Bedenken selber ist dies: sehen wir uns freilich die Rechtsübung der Aedilen an, so wird in einem ganz verwandten Falle eine selbständige Klage gegeben. Papinian hilft sich über dies Bedenken in der Weise hinweg, dass er das in Frage stehende in factum iudicium für überflüssig erklärt.

Stellen wir die Ergebnisse zusammen. Beim sog. pactum displicentiae tritt bereits Sabinus für die Kaufsklage ein, derselben Auffassung begegnen

---

93) So bei den Interdicten Gai 4 § 148—150, 154, 162, 166ª, 170. Vgl. ferner ad Her. 2, 13, 19; fr. 11 de praesc. uerb. 19, 5; fr. 52 R. V. 6, 1; fr. 35 pr. O. et A. 44, 7; fr. 23 C. D. 10, 3; fr. 7 de incendio 47, 9; fr. 60 § 1 de usufr. 7, 1; § 17 de act. 4, 6. Schon in der lex Rubria c. 23 werden iudicium sibei darei reddeiue an einander gereiht. Dem einen entspricht iudicium dato, dem andern iudicare iubeto.

wir bei Papinian, während Paulus zwischen dieser und einer in factum actio die Wahl lässt. — Für das Rückkaufsrecht des Verkäufers finden wir bei Proculus ein in factum iudicium, in einer Codexstelle wird die Wahl gelassen zwischen Klage mit Präscriptio und Verkaufsklage. In einem besondern Falle setzen Julian und kaiserliche Rescripte die Verkaufsklage voraus. — Zur Geltendmachung eines Vorkaufsrechtes gewähren Paulus und Hermogenian die Verkaufsklage. — Anlangend die lex commissoria, so sind Aristo und Neratius für ein selbständiges iudicium, Pomponius für die Verkaufsklage; die Streitfrage wird zu Gunsten der Verkaufsklage durch kaiserliche Constitutionen entschieden, auf die wir Papinian und Ulpian Bezug nehmen sehen. — Die in diem addictio wird geschützt von Julian durch die Verkaufsklage, von Ulpian in Anlehnung an ein kaiserliches Rescript durch die Verkaufs- wie Kaufklage.

So sehen wir allerdings, wie im Laufe der Zeit die Hauptklage überwiegt und die selbständige Klage dagegen mehr und mehr zurückbleibt. Aber die Sache war doch streitig, und der Klage mit Präscriptio geschieht ausdrücklich Erwähnung. Bei diesem Streite finden wir auf der einen Seite Sabinus, Julianus, Pomponius; auf der andern Proculus und Neratius. Das legt den Gedanken nahe, einen Gegensatz zwischen Sabinianern und Proculianern überhaupt anzunehmen,. worauf schon bei G l ü c k [94])

---

94) Pandekten Bd. 16 S. 226.

und Keller[95]) hingewiesen wird. Was den Standpunkt der Sabinianer anbetrifft, so meint Keller: dass 'sie den scheinbaren Widerspruch in der von Pomponius in L. 6 § 1 de C. E. angegebenen Weise ganz befriedigend zu lösen wussten'. Das kann ich nicht finden. Andererseits ist diese Entwicklung in Hinblick auf die römischen Formeln sehr begreiflich. Denn ein Antrag 'lass den N. N. in alles verurteilen, was mir in Folge Kaufes bezw. Verkaufes zukommt' konnte gar vieles umfassen. Es handelt sich um das Verhältnis von Form und Sache. Die Sabinianer glaubten mit der einen Form das Verschiedenartigste umfassen zu können: zumal ja die verschiedenen Zwecke durch eine Präscriptio angedeutet werden konnten. Die Proculianer waren dagegen der Ansicht, dass so grundverschiedene Dinge, wie etwa Erfüllung und Aufhebung eines Kaufes, auch durch ganz verschiedene Klagen zur Geltung zu bringen seien.

Werfen wir schliesslich einen Blick auf das heutige Recht, so kann es doch wohl keine Frage sein: dass wir ganz verschiedene Klagen vor uns haben, je nachdem auf Erfüllung oder Aufhebung eines Kaufes geklagt wird. Denn die Klagbitte ist ja in beiden Fällen eine ganz verschiedene. Von diesem Gegensatz zwischen heutigem und römischem Formalismus habe ich bereits bei anderer Gelegenheit gehandelt[96]). — Zum Teil anderer Ansicht ist freilich

---

95) Institutionen S. 123.
96) Mora des Schuldners Bd. 2 S. 581 flg.

Bechmann[97]). Derselbe unterscheidet zwischen der Aufhebung durch selbständigen Vertrag und den aufhebenden Nebenverträgen. Für die Aufhebung durch selbständigen Vertrag gelangt Bechmann ebenfalls zu dem Ergebnisse: 'dass die Klage aus dem Hauptvertrag, die eben gerade durch den contrarius consensus erloschen ist, auch nicht noch in dieser Richtung angestellt werden kann'. In Bezug auf die Nebenverabredungen behauptet er dagegen: 'wie kraft des Vertrages vollzogen wird, so erfolgt kraft des Vertrages auch die Rückforderung der Leistung'; und glaubt damit die schon von Sabinus anerkannte Contractsklage gerechtfertigt zu haben. Dies ist aber meines Erachtens nichts anderes als ein Fehlschluss in Folge von Homonymie. Vollzogen ist der Hauptvertrag, während die Rückforderung auf Grund eines Nebenvertrages erfolgt. Und ob ich mir den aufhebenden Vertrag als gleichzeitig denke mit dem Kaufabschluss oder nachfolgend; kann für die Frage, um die es sich hier handelt, keinen Unterschied machen. Andererseits ist nicht zuzugeben, dass die Römer bei Aufhebung durch selbständigen Vertrag die Contractsklage nie gewährt hätten. Zum mindesten war Julian, und, wie es scheint, auch Ulpian, anderer Ansicht. Ulp. fr. 11 § 6 A. E. V. 19, 1.

    Is qui uina emit arrae nomine certam summam dedit: postea conuenerat, ut emptio irrita fieret. Iulianus ex empto agi posse ait, ut arra re-

---

[97]) Kauf Bd. 2 S. 477 u. 495.

stituatur, utilemque esse actionem ex empto
etiam ad distrahendam, inquit, emptionem.

Hier ist ausdrücklich von einem später abgeschlossenen selbständigen Aufhebungsvertrage die Rede, auf Grund dessen die Kaufklage zugestanden wird. Diesen Satz schränkt freilich etwas ein c. 6 A. E. V. 4, 49 vom J. 293.

> Venditi actio, si non ab initio aliud conuenit, non facile ad rescindendam perfectam uenditionem, sed ad pretium exigendum competit.

aber ohne ihn ganz aufzuheben.

ε) § 16. Sonstige Obligationen.

Die bisher betrachteten Arten von Obligationen erschöpfen das Gebiet des Obligationenrechtes keineswegs; auch sonst noch giebt es Fälle, wo das Pactum eine selbständige Klage erzeugte, die hier zusammengestellt werden sollen.

I. Anspruch der Frau auf standesgemässen Unterhalt.

Der Ehemann war nach römischem Rechte verpflichtet, für den standesgemässen Unterhalt seiner Frau zu sorgen, konnte sich dieser Verpflichtung aber leicht durch Scheidung entziehen [98]). Daher kommt es, dass in den Quellen von einer gericht-

---

98) fr. 22 § 8 S. M. 24, 3. Sin autem in saeuissimo furore muliere constituta maritus dirimere quidem matrimonium calliditate non uult.

lichen Verfolgbarkeit dieses der Frau zustehenden Anspruches wenig die Rede ist. Windscheid[99]) bringt nur eine einzige Stelle bei, das bereits angeführte fr. 22 § 8, wo es heisst:

> tunc licentiam habeat uel curator furiosae uel cognati adire iudicem competentem.

Und hier haben wir noch dazu eine Interpolation vor uns. Das beweist einerseits der Justinianismus licentiam habere[100]), andererseits die Wendung adire iudicem competentem[101]). Um so bemerkenswerter ist folgender Ausspruch von Papinian in fr. 26 § 3 de pact. dot. 23, 4.

> Conuenit, ut mulier uiri sumptibus quoquo iret ucheretur, atque ideo mulier pactum ad litteras uiri secuta prouinciam, in qua centurio merebat, petit. non seruata fide conuentionis licet directa actio nulla competit, utilis tamen in factum danda est.

Dass es nicht unter den Begriff der Schenkung falle, wenn ein Mann für seine Frau Reisekosten bezahle, hat Papinian anderswo ebenfalls ausgeführt: einerlei, ob eine Verabredung vorliege oder nicht[102]). Hier befürwortet Papinian eine utilis in factum actio auf Grund einer Vereinbarung. Diese utilis in factum

---

99) Pand. Bd. 2⁷ § 491 A. 2.
100) Gradenwitz a. a. O. S. 98; Kalb, Juristenlatein S. 80.
101) Vgl. Bechmann, Dotalrecht Bd. 2 S. 492, und wegen Interpolation dieser Stelle überhaupt Eisele, Ztschr. f. Rechtsgesch. Bd. 20 rom. Abt. S. 30.
102) fr. 21 pr. de don. i. u. et ux. 24, 1.

setzt ein directa in factum actio voraus, die im Edict gestanden, aber für den vorliegenden Fall nicht ausgereicht haben wird. Worauf könnte diese directa in factum actio, von der wir sonst nichts wissen, gerichtet gewesen sein? Ich glaube: auf Gewährung standesmässigen Unterhaltes. Dahin werden Reisekosten nicht gerechnet sein, wenn auch deren Vergütung nicht als Schenkung betrachtet wurde. An und für sich konnten demnach diese Reisekosten nicht eingeklagt werden, im Falle einer Vereinbarung wird aber in Anlehnung an eine in factum actio von Papinian eine utilis actio zugestanden. — Am Texte hat man ändern wollen: ac statt ad. Allein der Satz atque ... petit ist so zu übersetzen: und deshalb fordert die Frau das Vereinbarte — pactum — nachdem sie auf den Brief des Mannes in die Provinz gefolgt war.

Unserer Stelle entspricht Bas. 29, 5, 24 § 3, wozu mehrere Scholien vorhanden sind [103]), aus denen wir ersehen: dass die hier gewährte Klage bereits den Byzantinern zu schaffen machte. Stephanus führt diese οὐτιλίαν ἤτοι ἰμφακτουμ ἀγωγήν auf die Billigkeit zurück. Anastasius stellt sich vor ἰμφακτουμ οὐτιλεμ ἤτοι πραεσκρίπτις βέρβοις. Ebenso Cyrillus, der zudem die versagende directa actio für eine Mandatsklage hält. Isidorus, oder wohl Dorotheus, bekämpft die Ansicht, dass hier ein Realvertrag vorliege: οὔτε γὰρ εἶπεν· ἄπελθε καὶ δίδωμι.

---

103) Heimbach, Bas. Bd. 3 S. 473.

II. Zinsberedungen.

In einzelnen Fällen reicht das einfache Pactum aus, um neben Darlehn eine Zinsverbindlichkeit zu erzeugen.

1. Auf diese Weise wurde ein Zinsenanspruch für Gemeinden begründet. Paul. fr. 30 Us. 22, 1.

> Etiam ex nudo pacto debentur ciuitatibus usurae creditarum ab eis pecuniarum.

Der Rechtsverkehr zwischen Staat bezw. Gemeinde und Einzelnen wird seit alter Zeit beherrscht durch die Formlosigkeit; oder sofern Formen vorkommen, sind diese doch höchst geringfügiger Art. Ich erinnere in dieser Beziehung an die Assignation, praedae sectio, bonorum sectio, censorum locationes, die Obligation des praes und manceps, das Testament der Acca Larentia u. s. w.[104]). Demgemäss kann es uns nicht Wunder nehmen, dass noch in klassischer Zeit Zinsforderungen für Gemeinden durch formlosen Vertrag entstanden.

2. Beim Seedarlehn und verwandten Fällen wurde durch formlosen Vertrag eine Zinsverbindlichkeit hervorgerufen.

Paulus fr. 7 de naut. faenore 22, 2.

> In quibusdam contractibus etiam usurae debentur quemadmodum per stipulationem. nam si dedero decem traiecticia, ut salua naue sortem cum certis usuris recipiam, dicendum est posse me sortem cum usuris recipere.

---

104) Vgl. Mommsen, Röm. Staatsrecht Bd. I³ S. 169 flg.

Scaeuola fr. 5 pr. § 1 eodem:
nec dubitabis, si piscatori erogaturo in apparatum plurimum pecuniae dederim, ut, si cepisset, redderet, et athletae, unde se exhiberet exerceretque, ut, si uicisset, redderet.
§ 1. In his autem omnibus et pactum sine stipulatione ad augendam obligationem prodest.

Dies geht zurück auf griechischen Einfluss [105].

3. Sodann gehört hierher das Getreide- und Fruchtdarlehn.

c. 11 de usuris. 4, 32. Imp. Alexander vom Jahre 223.

Frumenti uel hordei mutuo dati accessio etiam ex nudo pacto praestanda est.

c. 23 eodem. Diocletianus et Maximianus vom Jahre 294.

Oleo quidem uel quibuscumque fructibus mutuo datis incerti pretii ratio additamenta usurarum eiusdem materiae suasit admitti.

c. 1 C. Th. de usuris 2, 33. Imperator Constantinus ad Dracilianum agentem uices P f. P.

Quicunque fruges humidas uel arentes indigentibus mutuas dederint, usurae nomine tertiam partem superfluam consequantur, id est ut, si summa crediti in duobus modiis fuerit, tertium modium amplius consequantur ... P. P. Caesareae 325.

---

105) Vgl. Matthiass, Das foenus nauticum S. 34; Brinz, Pand. Bd. 2² § 298 A. 14. — Uebrigens scheint am Ende des angeführten fr. 5 pr. 'periculi pretium esse si insuper aliquid redderet' oder Aehnliches ausgefallen zu sein.

Wie mögen sich diese Bestimmungen erklären? Man gestatte mir, dass ich eine allgemeinere Betrachtung voraufschicke. Durch die lex Antonina de ciuitate war allen freien Reichseinwohnern das römische Bürgerrecht verliehen worden [106]. Auf diese Weise wurde das römische Privatrecht in seinen beiden Bestandteilen sowohl als ius ciuile wie als ius gentium Weltrecht, was bisher bloss das letztere gewesen war. Insofern bedeutet dieses Gesetz einen Abschluss. Wie wurde es nun aber mit dem Privatrecht der bisherigen Peregrinen? Diese Frage ist bisher kaum gestellt worden. Man kann sich doch unmöglich vorstellen, dass dieses gesammte Peregrinenrecht durch eine einzige kaiserliche Unterschrift beseitigt wäre. Ein peregrinischer Emphyteuta, der eines schönen Morgens im Jahre 212 erfuhr, dass er durch Gesetz Kaiser Caracalla's römischer Bürger geworden sei, hörte damit doch nicht auf, Emphyteuta zu sein. Nun hatte es aber eine Emphyteusis unter römischen Bürgern bisher gar nicht gegeben. Sie wird zuerst erwähnt bei Ulpian im 35. Buche seines Edictscommentares [107], als etwas ganz Bekanntes, das es schon längst gegeben haben könnte. Die lex Antonina kommt im 22. Buche dieses Edictscommentars vor. Also die erste Erwähnung der Emphyteuse nach Erlass der lex Antonina. Das ist vielleicht zufällig, aber doch bemerkenswert. Die

---

106) Ulp. fr. 17 de statu hom. 1, 5. In orbe Romano qui sunt ex constitutione imperatoris Antonini ciues Romani effecti sunt.
107) fr. 3 § 4 de rebus eorum 27, 9.

lex Antonina bedeutet einerseits einen Abschluss, andererseits aber auch den Beginn einer grossartigen Aufgabe. Bisher hatte sich die Reichsgesetzgebung wie die Wissenschaft um das Peregrinenrecht, soweit es nicht ius gentium geworden war, nur wenig gekümmert. Jetzt sind durch die lex Antonina mit einem Male Millionen von Peregrinen zu römischen Bürgern gemacht. Soll noch fernerhin Rechtsgleichheit unter römischen Bürgern bestehen, so muss das Peregrinenrecht entweder über Bord geworfen oder in Reichsrecht verwandelt werden. Hier zu sichten und zu wählen, hätte vor allen Dingen die Wissenschaft Beruf gehabt. Aber die lex Antonina fällt in eine Zeit, wo diese bereits anfängt, abzusterben. So ist denn dieser neue Aufbau wesentlich von der Gesetzgebung vollführt worden, oft in recht plumper Weise. Die Emphyteusis gehört zu denjenigen peregrinischen Rechtsgebilden, die dem Reichsrecht einverleibt wurden. Aehnlich verhält es sich mit dem Colonat. Man hat sich vergebliche Mühe gegeben, den Colonat aus dem römischen Recht zu entwickeln. Der Colonat ist entstanden auf peregrinischem Grund und Boden, insonderheit in den kornreichen Provinzen [108]. Es hat lange einen Colonat gegeben, bevor sich die Reichsgesetzgebung seiner annahm.

So erkläre ich mir nun auch den nach der lex Antonina mit einem Male auftauchenden Rechtssatz, dass beim Getreide- und Fruchtdarlehn durch blossen

---

108) Vgl. Heisterbergk, Entstehung des Colonats S. 78 flg.

Vertrag eine Zinsverbindlichkeit begründet werden kann. Es wird dies altes Peregrinenrecht gewesen sein, das man für Reichsrecht erklärte. Unterstützend mag angeführt werden, dass uns die dritte Stelle nach Palästina führt [109]; sowie dass diejenigen, an welche die Rescripte des Codex Justinianus gerichtet sind, beide einen griechischen Namen führen: der eine heisst Tyrannus, der andere Iason. Von Kaiser Alexander besitzen wir noch ein Rescript mit gleichem Zeitdatum [110], K. Mai., wie das hier in Betracht kommende, welches sich mit placita betreffend Provinzialgrundstücke beschäftigt. Der wirkliche Urheber dieser Rescripte wird der damalige praefectus praetorio Ulpian sein, also derselbe, welcher das ius ἐμφυτευτικόν uel ἐμβατευτικόν als ius praedii potius bezeichnete [111]. Das Rescript Kaiser Diocletian's hat das Ortsdatum Viminacium in Moesia superior und wird wie alle in der Justinianischen Gesetzgebung aus Dicoletianischer Zeit erhaltenen Rescripte aus orientalischen Bureaus hervorgegangen sein [112]. Endlich wäre darauf hinzuweisen, dass die Zinsenberedung neben Fruchtdarlehn noch bei den byzantinischen Rechtsgelehrten eine gewisse Rolle spielt; die daraus hervorgehende Klage nennen sie ὁ ἐξ λέγε κονδικτίκιος [113].

---

109) Vgl. Jac. Gothofredus ad cod. Th. tom. 1 p. 266 sqq.
110) c. 3 de seru. 3, 34.
111) fr. 3 § 4 de rebus eorum 27, 9.
112) Vgl. Mommsen, Zeitfolge der Verordnungen Diocletian's, Abh. der Akademie zu Berlin 1860 S. 420.
113) Sch. zu Bas. Lib. 11 tit. 1 them. 5, 7; Lib. 23 tit. 3 them. 59 und dazu Heimbach, Creditum S. 481 flg.

Die zweite Stelle ist verschieden erklärt worden [114]. Es wird aber doch wohl bei incerti pretii ratio an die schwankenden Getreidepreise zu denken sein. Man hätte ja statt dessen den Geldwert des Getreides bei Eingehung des Zinsversprechens zu Grunde legen können. Es sind dieselben Erwägungen, die dahin geführt haben, bei unseren heutigen Erbpachtstellen den Kanon in Scheffeln Getreide statt in Geld festzusetzen. Demnach handelt es sich um zwei Bestimmungen des Peregrinenrechts, die Reichsrecht geworden sind: einmal das formlose Versprechen, sodann die Zulassung von Zinsen bei Getreide und Früchten überhaupt. Das Peregrinenrecht scheint sogar bei verbrauchbaren Sachen ein Zinsversprechen gekannt zu haben, das durch c. 25 de us. von Constantin ebenfalls für Reichsrecht erklärt worden:

Pro auro et argento et ueste facto chirographo licitas solui uel promitti usuras iussimus.

Das ueste hat man freilich ändern wollen [115]; so Jhering [116] in recte. Aber in einer ähnlichen Verbindung begegnen wir uestimenta [117], wo freilich Jhering [118] lieber esculenta lesen möchte. Statt licitas wird Constantin centesimas geschrieben haben [119].

---

114) Vgl. Savigny, System Bd. 8 S. 131 flg.
115) Vgl. Windscheid, Pand. Bd. 2^7 § 259 A. 2.
116) Jahrbücher Bd. 12 S. 338.
117) § 2 de usu fructu 2, 4.
118) Jahrbücher Bd. 15. S. 406.
119) Jac. Gothofredus ad. C. Th. tom. I p. 271.

Andererseits ist sehr wohl möglich und sogar sehr wahrscheinlich, dass wir im Fruchtdarlehn das älteste Darlehn vor uns haben. Schon der Ausdruck 'fenus' legt diesen Gedanken nahe [120]. Indessen dieses Fruchtdarlehn, das in Zeiten der Not, wo das Getreide sehr teuer, für den Landmann, der Saatkorn gebrauchte, zu einer grossen Wohlthat werden konnte, scheint bei den Römern schon früh verschwunden zu sein; insonderheit denkt Festus bei den leges fenebres nur an Gelddarlehn [121].

In der dritten Stelle wird der für Fruchtdarlehn erlaubte Zinsfuss auf 50 % festgesetzt.

4. Aehnlich wie mit dem Getreide- und Fruchtdarlehn dürfte es sich verhalten mit folgendem Gutachten Modestin's in fr. 41 § 2 de us. 22, 1.

Ab Aulo Agerio Gaius Seius mutuam quandam quantitatem accepit hoc chirographo: 'ille scripsi me accepisse et accepi ab illo mutuos et numeratos decem, quos ei reddam kalendis illis proximis cum suis usuris placitis inter nos': quaero, an ex eo instrumento usurae peti possint et quae. Modestinus respondit, si non appareat de quibus usuris conuentio facta sit, peti eas non posse.

Huschke [122] hat diese Stelle neuerdings wieder auf die Stipulation bezogen. Es soll diese Urkunde ebenso abgefasst gewesen sein, wie die in

---

120) Vgl. Hartmann-Lange, Der röm. Kalender S. 30.
121) Worte fenus et feneratores und fenus.
122) Die Lehre des röm. Rechts vom Darlehn S. 99 flg.

fr. 40 R. C. Dagegen ist zu bemerken: dass es dort heisst 'stipulatus est Publius Maeuius, spopondi ego Lucius Titius', hier indessen 'quos ei reddam'. Ferner wird die Zinsenberedung ausdrücklich conuentio genannt, und es ist von usuris placitis die Rede: also wird die Stipulationsklausel doch wohl gefehlt haben. Endlich wird die Urkunde ausdrücklich chirographum genannt, nehmen wir sie also auch als solches. Ueber die chirographa belehrt uns Gai 3, 134 in folgender Weise.

> Praeterea litterarum obligatio fieri uidetur chirografis et syngrafis, id est si quis debere se aut daturum se scribat; ita scilicet, ut si eo nomine stipulatio non fiat. quod genus obligationis proprium peregrinorum est.

Demnach liegt ein Chirographum vor, wenn jemand schriftlich erklärt, dass er Schuldner sei oder geben werde. Das haben wir ja in unserem Falle. Vorausgesetzt wird, dass keine Stipulationsklausel angehängt worden. Dieser Satz 'ita scilicet ut .. non fiat' könnte übrigens wegen des schlechten Lateins nachgajanische Glosse sein; jedenfalls ist die Bemerkung sachlich richtig. Die bisherigen Herausgeber haben das Latein der Handschrift wohl zu bessern versucht, meistens durch Streichen von ut. Ein solches Chirographum erklärt Gajus für eine den Peregrinen eigentümliche Obligation. An diesem Ausspruche hat man freilich zu deuteln gesucht; ich denke aber, wir haben alle Ursache, uns auf Gajus als einen des Peregrinenrechtes kundigen Mann zu verlassen.

Jetzt stelle ich die Frage: was ist aus dieser Peregrinenobligation, von der die Römer ausgeschlossen waren, nach der lex Antonina de ciuitate geworden? Dürfen jetzt die ehemaligen Peregrinen keine Chirographa mehr ausstellen? Und wenn sie es dürfen, so kann man doch den Altrömern nicht verwehren, was den Neurömern freisteht. Hat also in diesem Falle das Römertum oder das Peregrinentum den Sieg davongetragen? Mich dünkt, auf diese Frage haben wir in unserer Stelle die Antwort. Dabei setze ich allerdings voraus, dass dieses Gutachten nach der lex Antonina abgegeben wurde: eine Annahme, die nach den zeitlichen Anhaltspunkten, welche wir für die schriftstellerische Thätigkeit Modestin's haben[1]), nicht den geringsten Bedenken unterliegen dürfte.

Modestin nimmt am Chirographum als solchem nicht den mindesten Anstoss. Also das Peregrinenrecht hat sich behauptet. Hierfür spricht ja auch die spätere Entwicklung. Die Reichsgesetzgebung sieht sich genötigt, dem Chirographum gegenüber Stellung zu nehmen. Dies ist nun in ganz eigentümlicher Weise geschehen. Man sucht die Altrömer dadurch mit dem Chirographum zu versöhnen, dass man sagt: die Obligation soll nicht sofort durch die Schrift entstehen, sondern erst nach Ablauf einer geraumen Zeit; zunächst wird ein Jahr festgesetzt,

---

123) Zimmern, Gesch. des röm. Privatrechts Bd. 1 S. 384; Fitting, Alter S. 53 flg.

dann fünf Jahre [124]), Justinian hat zwei Jahre [125]). Auf diese Weise ist nach meinem Dafürhalten die viel besprochene querella und exceptio non numeratae pecuniae mit ihrem eigentümlichen Beweisrecht entstanden. Ihr Ausgangspunkt ist sicherlich das Chirographum und nicht die Stipulationsurkunde gewesen, wenngleich letztere mitumfasst wurde. Die Entstehungszeit fällt nach Gneist [126]) um das Jahr 215, jedenfalls nach 213: das ist kurze Zeit nach der lex Antonina de ciuitate [127]).

Uns interessiert vor allen Dingen die Zinsenberedung. Geht die Höhe der Zinsen aus der Urkunde nicht hervor, so soll es keine Klage geben. Also wird ein schriftliches Pactum dieser Art klagbar gewesen sein, nicht dagegen ein mündliches.

So haben wir denn auf engem Raume verschiedene Beispiele: wie nach der lex Antonina Wissenschaft und Gesetzgebung sich mit dem Peregrinenrechte abzufinden suchen. Ulpian erklärt die Emphyteuse für ein ius praedii potius und erlässt in seiner Eigenschaft als praefectus praetorio zwei Rescripte betreffend das Pactum; ferner wurden erwähnt das Colonat und die Zinsen bei verbrauchbaren Sachen; dazu kommt nun bei Modestinus das Chirographum. Es verdiente aber in der That dieses Peregrinenrecht, wie es sich nach der lex Antonina

---

124) Cod. Herm. 1, 1.
125) c. 14 pr. de non num. pec. 4, 30.
126) Formelle Verträge S. 276.
127) Gegen Gneist erklärt sich freilich Huschke, Darlehn S. 103 flg.

zum Reichsrecht ausgestaltete, eine umfassendere Bearbeitung.

5. Schliesslich wäre der Nou. 136 c. 4 zu gedenken. Hiernach haben Bankiers eine Klage, denen mündlich und formlos Darlehnszinsen versprochen wurden. Dieses Vorrecht hatte seine Bedeutung für das gewöhnliche Darlehn, das stipulierte Darlehn, wie das auf einem Chirographum beruhende Darlehn.

III. Vergleich.

Im allgemeinen war ein Vergleich ohne Stipulationsklausel nach römischem Rechte nicht klagbar, sondern erzeugte eine Einrede. Wollte indes derjenige, welcher in Folge des Vergleiches zu leisten hatte, nicht erfüllen, so blieb es dem andern Teile unverwehrt, sein altes Recht wieder zur Geltung zu bringen. Berief sich dann der Gegner auf den Vergleich, so konnte diese Einrede durch eine Replik entkräftet werden, wenn die Erfüllung des Vergleiches nicht erfolgte. c. 21 de pactis 2, 3 vom Jahre 293:
> quod si aduersarius tuus teneat, ex hoc placito nullam actionem esse natam, si tibi stipulatione non prospexisti, debes intellegere: nec aduersario tuo transactione uti concedendum, nisi ea quae placita sunt paratus est adimplere.

c. 28 § 1 de transact. 2, 4 vom J. 294:
> quamuis ex pacto non potuit nasci actio, tamen rerum uindicatione pendente, si exceptio pacti opposita fuerit, doli mali uel in factum replicatione usa poteris ad obsequium placitorum aduersarium urguere.

So verhält es sich namentlich in dem Falle, wenn eine querella inofficiosi in Folge Vergleiches zum Stillstand gebracht war. Ulp. pr. 27 pr. de inoff. test. 5, 2.

> Si instituta de inofficioso testamento accusatione de lite pacto transactum est nec fides ab herede transactioni praestatur, inofficiosi causam integram esse placuit.

Oder wenn eine hereditatis petitio wegen abgeschlossenen Vergleiches vorläufig nicht zum Austrag kam [128]). Im allgemeinen haben also die Römer den Vergleich auf Seiten desjenigen, der ein Klagerecht aufgiebt, jedenfalls nicht vom Gesichtspunkte des Realvertrages aufgefasst. Sie gestatten nicht folgende Schlussfolgerung: ich lasse jetzt ab vom Rechtsstreite, erfülle mithin den Vergleich.

Dieses Recht, zur alten Klage zurückzugreifen, kann aber nur unter der Voraussetzung geübt werden, dass dieses alte Klagerecht noch vorhanden ist. Wo dieses inzwischen zu Grunde gegangen, finden wir ausnahmsweise Aufrechterhaltung des Vergleiches durch Klage mit Präscriptio. c. 6 de transact. 2, 4 vom Jahre 230.

> Cum mota inofficiosi querella matrem uestram cum diuersa parte transegisse ita, ut partem bonorum susciperet et a lite discederet, proponatis, instaurari quidem semel omissam querellam per uos, qui matri heredes extitistis, iuris ratio non sinit. § 1. Verum si fides

---

[128]) c. 3 de repudianda her. 6, 31 vom J. 294.

placitis praestita non est, in id quod interest diuersam partem recte conuenietis: aut enim, si stipulatio conuentioni subdita est, ex stipulatu actio competit, aut, si omissa uerborum obligatio est, utilis actio, quae praescriptis uerbis rem gestam demonstrat, danda est.

Die Mutter hatte die inofficiosi querella angestellt, den Streit aber aufgegeben, weil ihr ein Teil des Vermögens versprochen war. Die Mutter ist inzwischen gestorben, und der andere Teil will nicht Wort halten. Hier hinterlässt die Mutter ihren Kindern keine in Vorbereitung begriffene Querel, also geht dieselbe auf die Kinder nicht über [129]). Darauf soll offenbar hingewiesen werden mit dem iuris ratio non sinit. Statt dessen wird den Kindern auf Grund der placita, conuentio eine Klage mit Präscriptio gewährt. Bei dieser Klage pflegt man an den unbenannten Realvertrag zu denken [130]). Nun ist dieser Gesichtspunkt gerade nicht unmöglich: die Mutter hat den Rechtsstreit aufgegeben, also muss der Gegner den Vergleich erfüllen. Aber da diese Auffassung in der Person der Mutter nicht zutrifft, dürfte dieselbe auch für die Erben versagen. Jedenfalls haben wir einen derartigen Umweg nicht nötig, um auf Grund eines Pactum zu einer Klage mit Präscriptio zu gelangen; sondern können die actio quae praescriptis uerbis rem gestam demonstrat unmittelbar in Beziehung setzen zu Gai 4, 134. Aehn-

---

129) fr. 6 § 2, fr. 7 de inoff. test. 5, 2.
130) Zweifelnd schon Bekker, Aktionen Bd. 2 S. 152.

lich liegt der Fall in c. 33 pr. § 1 de transact. 2, 4 vom Jahre 294.

> Si pro fundo, quem petebas, praedium certis finibus liberum dari transactionis causa placuit, nec eo tempore minor annis uiginti quinque fuisti, licet hoc praedium obligatum post uel alienum pro parte fuerit probatum, instaurari decisam litem prohibent iura. § 1. Ex stipulatione sane, si placita seruari secuta est, uel, si non intercessit, praescriptis uerbis actione ciuili subdita apud rectorem prouinciae agere potes.

Hier ist ein Grundstück, innerhalb bestimmter Grenzen, von Dienstbarkeiten frei, vergleichsweise hingegeben und damit der Rechtsstreit aus der Welt gebracht. Später zeigt sich, dass dieses Grundstück verpfändet oder zum Teil ein fremdes war. Auf Grund des Pactum wird eine Klage mit Präscriptio gewährt.

IV. Sogenannte prätorische Pacta.

Man spricht von klagbaren prätorischen Pacta und begreift darunter wohl: das Constitutum, Receptum, das pactum de iureiurando, sowie die Verpflichtung des mensor[131]). Da wir uns nun fortwährend mit dem Edicte des Prätors de pactis et conuentionibus beschäftigt und der Klagbarkeit dieser Pacta nachgespürt haben, so liegt der Gedanke nicht weit vom Wege, diese Pacta, die man die prätorischen

---

131) Vgl. z. B. Schilling, Institutionen Bd. 3 § 335 flg.

zu nennen pflegt, zu dem betreffenden Edict in Beziehung zu setzen. Sehen wir zu, was es mit diesen sog. prätorischen Pacta für eine Bewandtnis haben mag.

1. Das Constitutum.

Es kommt im Geschäftsleben häufig vor, dass der Schuldner, wenn die Schuld fällig ist, oder bevor sie fällig wird, an einem spätern Tage die Zahlung verspricht, und der Gläubiger sich hiermit einverstanden erklärt. Die Römer bedienten sich hier des Ausdruckes constituere. Constituere debitam pecuniam heisst: die Zahlung einer bestehenden Schuld auf einen bestimmten Tag versprechen. Es geschah dies etwa in der Form: pecuniam debitam constituo me soluturum proximis Kalendis Martiis. An diese Verkehrssitte lehnt sich der Prätor an und gewährte aus dem Constitutum eine Klage. Das Edict begann mit den Worten: 'qui pecuniam debitam constituit'[132]), und die Intentio der Formel haben wir uns nach Lenel[133]) so vorzustellen:

Si paret $N^m N^m A^o A^o$ sestertium decem milia constituisse se soluturum eoue nomine se satis facturum esse.

Bruns[134]) hat den Satz aufgestellt, 'das Con-

---

132) Ulp. fr. 1 § 1 de pec. const. 13, 5. Die Vermutung von Bruns, Ztschr. für Rechtsgesch. Bd. 1 S. 49, dass das Edict ursprünglich nur für pecunia credita eingeführt war, mag hier auf sich beruhen bleiben.
133) Edictum S. 199.
134) a. a. O. S. 57.

stitut ist gerade das erste Pactum, aus welchem eine Klage gegeben wurde'. Ich behaupte: das Constitutum hatte mit dem formlosen Pactum von Haus aus nicht das allermindeste zu thun [135]. Im Rechtsleben bediente man sich des Ausdruckes constituo; hieran schliesst sich der Prätor an und wird eine Klage zunächst nur dann gegeben haben, sofern ein auf constituo lautendes Zahlungsversprechen vorlag. Zwar heisst es bei Ulp. fr. 14 § 3 de constituta pec. 13, 5:

> Constituere autem et praesentes et absentes possumus, sicut pacisci, et per nuntium et per nosmet ipsos, et quibuscumque uerbis.

Das ist aber spätere Rechtsbildung [136]. Und selbst noch in dieser Stelle tritt hervor, dass ein Gegensatz zwischen constituere und pacisci vorhanden gewesen. Man kann demnach nur so sagen: das Pactum hat sich hier im Laufe der Zeit an eine andere Rechtsbildung angelehnt.

2. Das Receptum.

Aehnlich verhält es sich mit dem Receptum in allen seinen drei Anwendungsfällen, die uns im

---

135) Zu einem ähnlichen Ergebnis, aber auf anderem Wege gelangt ebenfalls Kappeyne van de Coppello, Abhandlungen nach dem Holländischen von Conrat, Heft I S. 247: 'mit dem, was die Lehrbücher unter pactum praetorium verstehen, hatte das Constitutum durchaus nichts zu thun.'
136) Vgl. ferner Scaeuola fr. 26 de pec. const.

Edict entgegentreten. Nach Lenel [137]) lauteten die betreffenden Edicte:

> Qui arbitrium pecunia compromissa receperit, eum sententiam dicere cogam.
>
> Nautae caupones stabularii quod cuiusque saluum fore receperint nisi restituent, in eos iudicium dabo.
>
> Quod argentariae mensae exercitores pro alio solui receperint, nisi soluetur, iudicium dabo.

Hier lehnt sich der Prätor an einen andern Ausdruck an, der im Verkehre üblich war: recipio [138]). Wer recipio sagte, wollte damit ein besonders nachdrückliches Versprechen abgeben.

Cic. ad fam. 6, 12 § 3:
> non solum confirmauit, uerum etiam recepit.

Cic. ad. Att. 13, 1 § 2:
> quoniam de aestate polliceris uel potius recipis.

Die Klagen aus Receptum werden ursprünglich nur dann gegeben sein, wenn das Wort recipio wirklich gebraucht war. Später hat sich allerdings auch hier das formlose Pactum eingestellt. Ulp. fr. 13 § 2 de receptis 4, 8.

> Recepisse autem arbitrium uidetur, ut Pedius libro nono dicit, qui iudicis partes suscepit finemque se sua sententia controuersiis impositurum pollicetur.

In neuerer Zeit ist freilich für jedes der drei

---

137) Edictum S. 103 flg.
138) Vgl. Goldschmidt, Ztschr. f. Handelsr. Bd. 3 S. 98, 99; Bruns a. a. O. S. 84, 85; Jhering, Geist Bd. 3² S. 214.

Recepta von drei verschiedenen Schriftstellern [139] die Pactumnatur betont worden. Das ist, wie gesagt, späteres Recht; aber schwerlich der Ausgangspunkt. Wir wissen, dass der Ausdruck recipio im Verkehre üblich war. Andererseits finden wir im prätorischen Edicte drei Recepta. Mich dünkt, das Mittelglied, dass der Prätor sich hier an das im Verkehr übliche recipio anschloss, ist gar nicht zu entbehren. Schon der Name spricht dafür: weshalb denn receptum und nicht pactum? Wie das constitutum auf ein constituo zurückgeht, so das receptum auf ein recipio. — Uebrigens stehe ich den Ausführungen Ude's durchaus sympathisch gegenüber. Das receptum der nautae caupones stabularii ist noch nach Justinianischem Recht ein Versprechen. Dass man dieses Receptum auf die Annahme von Gütern, Gepäck u. s. w. bezog, ist erst nachrömische Rechtsbildung. Insonderheit ist das receptum nautarum unserm heutigen Konnossement an die Seite zu stellen.

3. Pactum de iureiurando.

In Rom kam es nicht selten vor, dass Streitende die Richtigkeit eines Anspruches von einem Eide abhängig machten. Eine derartige Eideszuschiebung war aber nichts weiter als ein Vorschlag, die Sache durch Eid zu erledigen. Es hing ganz vom Belieben des andern ab, ob er von diesem Vorschlage Gebrauch machen wollte. Er konnte entweder den

---

139) Lenel, Ztschr. für Rechtsgesch. Bd. 15 R. A. S. 69; Matthiass, Die Entwicklung des röm. Schiedsgerichts S. 21; Ude, Ztschr. für Rechtsgesch. Bd. 25 R. A. S. 71.

Eid leisten, oder zurückschieben, oder den Vorschlag ablehnen [140]). War nun ein solcher Eid geschworen, sei es von demjenigen, dem er zugeschoben, oder von demjenigen, dem er zurückgeschoben worden; so erzeugte der abgeleistete Eid je nach Lage der Sache entweder eine actio in factum oder denegatio actionis oder eine exceptio [141]). — Hier hat es kaum einen Sinn, von einem prätorischen Pactum zu sprechen. Um das Pactum kümmert sich der Prätor zunächst gar nicht, sondern wird erst thätig, nachdem auf Grund eines Vorvertrages ein Eid abgeleistet war.

4. Verpflichtung des mensor.

Der Prätor gewährte dem Privatmanne eine in factum actio, die den Feldmesser für Dolus verantwortlich machte und vermutlich älter sein wird, als die de dolo malo actio. Wir haben es hier mit einer Deliktsklage zu thun [142]), die noch Ulpian mit Pomponius als noxalis gegen den Herrn eines Sklaven zulässt [143]). Andererseits spricht freilich Paulus von einem conducere mensorem [144]).

Was bleibt nach alledem von diesen pacta praetoria? Kappeyne a. a. O. hat gar so Unrecht nicht mit seiner Behauptung: 'die pacta praetoria der Neueren bestehen lediglich in ihrer Einbildung'. Nur

---

140) fr. 3 pr. fr. 5 § 4 fr. 7 pr. de iureiurando 12, 2.
141) § 11 de act. 4, 6; fr. 9 pr. de iurei. 12, 2.
142) Vgl. Pernice, Labeo Bd. 2 S. 293 flg.
143) fr. 3 § 6 Si mensor 11, 6.
144) fr. 4 § 1 fin. reg. 10, 1.

so viel lässt sich sagen: an zwei selbständige prätorische Gebilde, das Constitutum und Receptum, hat sich im Laufe der Zeit das Pactum angelehnt.

V. **Spätere pacta legitima.**

Die in der späteren Kaiserzeit klagbar gewordenen Pacta stehen uns schon ferner.

1) Das formlose zweiseitige Versprechen der Mitgift wurde von Theodosius und Valentinian für klagbar erklärt [145]).

2) Dasselbe bestimmte Justinian für das formlose Schenkungsversprechens bis zu fünfhundert Solidi [146]), indem er frühere Gesetze dieser Art erweiterte [147]).

3) Zur Geltendmachung eines auf einem Pactum beruhenden Compromisses gewährte Justinian unter gewissen Voraussetzungen eine Klage [148]).

4) Von dem Falle der nou. 136 c. 4 war bereits oben S. 138 die Rede.

§ 17. **Ergebnisse.**

Es kam mir darauf an, den Nachweis zu führen: dass es eine praescriptio de pacto, von der uns Gajus 4, 134 berichtet, in der That gegeben hat. Ich brachte diese Präscriptio in Verbindung mit dem Edicte des Prätors de pactis et conuentionibus. Die Commentare dazu boten uns drei Anwendungsfälle dar. Zunächst die legitima conuentio in fr. 5 und 6

---

[145] c. 4 C. Th. de dotibus 3, 13 vom Jahre 428 = c. 6 C. J. de dot. prom. 5, 11.
[146] c. 36 § 3 de don. 8, 53 vom J. 531.
[147] Siehe darüber Schilling, Inst. Bd. 3 § 359.
[148] c. 5 pr. de receptis 2, 55 vom J. 530.

de pactis, von der wir freilich nichts Näheres wissen. Vorzugsweise kommen aber in Betracht die unbenannten Realverträge und die gutgläubigen Obligationen.

Bei den unbenannten Realverträgen trat uns eine Streitfrage unter den römischen Rechtsgelehrten entgegen: wie weit die in factum actio reiche, und inwiefern ein συνάλλαγμα anzunehmen. Julian trat in fr. 7 § 2 de pactis für eine in factum actio ein, wo andere das συνάλλαγμα betonten. Die auf das συνάλλαγμα aufgebaute Klage ist die Klage mit Präscriptio. Im Gegensatz zur in factum actio finden wir sie als ciuilis actio, ciuilis actio incerti oder in ähnlicher Weise bezeichnet. Die Compilatoren haben diesen Streit geschlichtet, indem sie eine in factum ciuilis actio schufen — vom Standpunkte des Formularprocesses aus eine Ungeheuerlichkeit. Ausserdem sprechen die römischen Rechtsgelehrten von einem praescriptis uerbis agere u. dgl. Eine solche Klage mit Präscriptio liegt von ihrem Standpunkte aus überall da vor, wo Worte vorgeschrieben wurden: also auch in den Fällen, von denen Gai 4, 131 und 131ª handelt. In einem engeren Sinne scheint aber praescriptis uerbis agere beschränkt worden zu sein auf diejenige Klage, die aus dem Pactum hervorging: wo die praescripta uerba die Demonstratio vertraten und nicht der ganzen Formel vorzusetzen waren. Nach Beseitigung des Formularprocesses hatte die Bezeichnung praescriptis uerbis agere oder — was daraus im Laufe der Zeit geworden war — praescriptis uerbis actio keinen Sinn mehr. Gleichwohl ist der Name beibehalten. Er dient jetzt dazu, ein sachlich abgegrenztes Gebiet zu umfassen, den unbenannten Realvertrag. Auch solche Fälle werden mit begriffen, die es schon zu einer feststehenden Formel gebracht hatten, wie der Trödelvertrag: wo also ein praescriptis uerbis agere zur Zeit des Formularprocesses gar nicht mehr vorkam. Diese praescriptis uerbis actio ist dann ebenfalls gleichgesetzt worden der in factum ciuilis actio bezw. der in factum actio. So erklärt sich die Ueberschrift des Digestentitels de praescriptis uerbis et in factum actionibus. So erklärt sich ferner, dass dieser Titel mit Erörterungen über die in factum actiones beginnt: worüber sich Gradenwitz[149] einigermassen zu verwundern scheint.

Was dann die gutgläubigen Obligationen anbetrifft, so war zu erwägen: dass hier die Hauptklagen ursprünglich ganz bestimmten Zwecken dienten. So konnte mit der Verkaufsklage von Haus aus nichts weiter erreicht werden als Berichtigung des bedungenen Kaufpreises. Besondere Nebenberedungen waren mit besonderen Klagen zu verfolgen, und hier tritt uns wieder unsere Klage mit Präscriptio entgegen. Schon frühzeitig macht sich indes eine andere Entwicklung geltend, die mehr und mehr zu dem Satze erstarkte: pacta conuenta inesse bonae fidei iudiciis. Bereits Servius sahen wir in dieser Weise eingreifen, fr. 13 § 30 A. E. V. 19, 1; aber bei Labeo finden wir doch noch eine selbständige Klage mit Präscriptio, fr. 50 C. E. 18, 1. Am

---

[149] Interpol. S. 127.

längsten erhält sich dieser Gegensatz bei den Nebenberedungen betreffend die Auflösung eines Rechtsgeschäftes, z. B. eines Kaufgeschäftes.

Das sonstige Gebiet des Obligationenrechts bot insofern einen sichern Anwendungsfall dar, als der auf einem Pactum beruhende Vergleich ausnahmsweise durch Klage mit Präscriptio geltend gemacht werden konnte: c. 6, c. 33 pr. § 1 de transact. 2, 4.

Stellen wir jetzt die weitere Frage: welcher Zweck dem Prätor bei seinem Edicte de pactis et conuentionibus von Haus aus vorgeschwebt haben mag — so dürfte das neque dolo malo und neque quo fraus uns auf die bonae fidei iudicia hinweisen. Denn das neque dolo malo u. s. w. ist nur der negative Ausdruck für das, was die Römer positiv mit bona fides bezeichneten [149a]). Es war also ein weiterer Ausbau der bonae fidei obligationes durch die pacta beabsichtigt, was ja auch im vollstem Umfange verwirklicht worden; nur dass die selbständige Klage mit Präscriptio bald der Hauptklage gegenüber mehr zurücktritt. Ein anderes Gebiet, das dann durch die Wissenschaft erobert wurde, war der unbenannte Realvertrag. Die Gesetzgebung hat die legitima pacta hinzugefügt.

Diese Bewegung müssen wir vor Augen haben, wenn wir die Klage mit Präscriptio verstehen wollen. Ihr Grundgedanke ist nicht der unbenannte Real-

---

[149a]) Vgl. wegen dieser Bedeutung von bona fides: Ulp. fr. 35 pro socio 17, 2; Proculus fr. 68 pr. C. E. 18, 1 — hier ist freilich 'id est .. ut culpa' nach Eisele, Ztschr. f. Rechtsgesch. Bd. 24 R. A. S. 7 interpoliert — Ulp. fr. 10 pr. Paul. fr. 59 § 1 Scaeu. fr. 60 § 4 Mand. 17, 1; Pap. fr. 56 pr. ad S. C. Treb. 36, 1.

vertrag als solcher. Und wenn auch die Justinianischen Compilatoren in Anlehnung an eine nachklassische Wissenschaft bemüht gewesen sind, den unbenannten Realvertrag als sachlich abgegrenztes Gebiet mittelst ihrer praescriptis uerbis actio zu umfassen, so sind daneben doch Fälle stehen geblieben, die diese Auffassung nicht vertragen. Der Grundgedanke der Klage mit Präscriptio ist Geltendmachung eines Pactum mittelst Worte, die einer intentio incerta vorgesetzt wurden. Diesem Gesichtspunkte ordnet sich namentlich die Auflage bei Schenkungen unter. Von hier aus liegt es nahe, die Klage mit Präscriptio für Auflagen bei letztwilligen Verfügungen ebenfalls zu verwenden. In der That hat Pomponius einen derartigen Versuch unternommen, fr. 18 § 2 fam. erc.; allgemein durchgedrungen ist diese Ansicht aber jedenfalls nicht.

Nach Pernice[150]) war die Klage mit Präscriptio eine 'Aushilfsklage'. Das ist nur sehr bedingt richtig. Zur Aushilfe dienten den Römern vor allem die in factum actiones. Andererseits ist die Darstellung bei Gai 4, 130—137 zwar lückenhaft. So viel dürfte derselben gleichwohl zu entnehmen sein, dass nur in ganz bestimmten Fällen mittelst praescripta uerba geklagt werden kann: und einer dieser Fälle war das Pactum.

II. § 18. Das Edict der Aedilen.

Ich schliesse eine kurze Betrachtung des ädilizischen Edictes an.

---

150) Labeo Bd. 1 S. 482.

Wir sahen oben [151]: dass die Präscriptio, von der Gai 4, 131 und 131ᵃ handelt, für das Edict der Aedilen nicht in Betracht kam: da die Teilbarkeit des Anspruches bei den Klagen, die wir hier antrafen, keine Schwierigkeiten bereitete. Es bleibt noch die andere Frage zu erledigen: wie sah es auf diesem Gebiete mit der Präscriptio de pacto aus. — In dieser Beziehung ist zuvörderst darauf hinzuweisen: dass das Edict der Aedilen eine allgemeine Bestimmung über pacta conuenta, wie das Edict des Prätors, nicht enthält. Was wir hier antreffen, ist in einem gewissen Umfange eine Berücksichtigung der dicta und promissa; ausdrücklich auch nur im Sklavenedict, aber übertragen auf die iumenta [152]. Und das in Bezug auf die dicta promissa Gesagte ist noch dazu spätere Einschiebung [153]. Die betreffende Bestimmung lautet nach Ulp. fr. 1 § 1 de aed. ed. 21, 1:

> quodsi mancipium aduersus ea uenisset — siue aduersus quod dictum promissumue fuerit, cum ueniret, fuisset, quod eius praestari oportere dicetur — emptori omnibusque ad quos ea res pertinet iudicium dabimus, ut id mancipium redhibeatur.

Das durch Striche Getrennte ist später hinzugefügt. Das ältere Edict bestimmte: wenn ein Sklave gegen das Gebot verkauft gewesen sein wird, werden wir dem Käufer eine Klage geben u. s. w. Die

---

151) Siehe § 5 S. 32 flg.
152) fr. 38 § 10 de aed. ed.
153) Vgl. Dernburg, Festgaben für Heffter S. 131.

Einschaltung können wir etwa so wiedergeben: oder wenn der Sklave, als er verkauft wurde, anders gewesen sein wird, als zugesagt und versprochen wurde [154]), insofern man dafür einstehen muss [155]). Unter diesen dicta promissa haben wir nach meinem Dafürhalten zu verstehen: einmal die als einseitig gedachte Zusage, sodann das in Stipulationsform gekleidete Versprechen. Ob die Zusage ursprünglich ein ausdrückliches dico zur Voraussetzung hatte: mag dahingestellt bleiben [156]). Später ist es zulässig, auch andere Worte zu gebrauchen. Insonderheit wird adfirmare und pronuntiare dem dicere gleichgestellt. — Diese als einseitig gedachte Zusage wie das in Stipulationsform gegebene Versprechen werden lange Zeit für Vereinbarungen, auf welche die Aedilen Rücksicht nahmen, die einzige Form gewesen sein. Das lässt der Pandektentitel de aedilicio edicto noch deutlich genug durchblicken. Wir finden hier:

> Ulp. fr. 4 § 3 si promisit, § 4 si dictum est; fr. 14 § 9 dixerit aut promiserit; fr. 17 § 20 adfirmauerit .. dixerit (zweimal) .. dictum promissumue; fr. 19 pr. dixerit (dreimal) .. promiserit quod dixit, § 1 dixerit, § 2 dictum a promisso .. dictum .. pronuntiatum .. promissum, § 3 dicta siue promissa .. dicuntur, § 4 promiserit uel dixerit, § 6 dictum pro-

---

154) Weder fuerit noch fuisset ist zu streichen, wie Mommsen abwechselnd vorgeschlagen hat. Vgl. Huschke, Pandektenkritik S. 36, 37.
155) Vgl. Lenel, Ed. S. 213 Anm. 3.
156) Bechmann, Kauf Bd. I S. 252, verneint dies.

missumue (zweimal); fr. 31 § 1 pronuntiaverit uel promiserit; fr. 33 pr. dictum est .. dictum fuerit .. dicta fuerint .. dixit; fr. 38 § 10 dictum promissumue. Gai fr. 18 adfirmauerit (sechsmal) .. dixerit (dreimal); fr. 20 dictum. Paul. fr. 47 pr. dictum promissumue. Marcianus fr. 52 dixit promisitue. Pomp. fr. 64 § 1 dictum promissum.

Wegen der Klagbarkeit bemerkt Ulp. fr. 19 § 2 de aed. ed.:

> secundum quod incipiet is, qui de huiusmodi causa stipulanti spopondit, et ex stipulatu posse conueniri et redhibitoriis actionibus: non nouum, nam et qui ex empto potest conueniri, idem etiam redhibitoriis actionibus conueniri potest.

Das wird so zu verstehen sein: dass für eine derartige Stipulationsklage der Prätor, für die redhibitorische Klage aber die Aedilen zuständig waren. Aus einem dictum konnte nur vor den Aedilen redhibitorisch bezw. ästimatorisch [157]) geklagt werden. Und in Bezug auf dieses dictum kommen noch insofern andere Grundsätze zur Anwendung, wie bei den pacta conuenta des Prätors: als nachträglich dem

---

157) fr. 18 de aed. ed. 21, 1. Si quid uenditor de mancipio adfirmauerit idque non ita esse emptor queratur, aut redhibitorio aut aestimatorio (id est quanto minoris) iudicio agere potest· Diese quanto minoris actio scheint vom Jumentenedict auf das Sklavenedict übertragen zu sein. Vgl. Bechmann, Kauf Bd. I S. 409; Hanausek, Haftung des Verkäufers I. Abt. S. 32.

Kaufvertrage hinzugefügte Versicherungen ebenfalls klagbar waren. Ulp. fr. 19 § 6 de aed. ed.:
> sed tempus redhibitionis ex die uenditionis currit aut, si dictum promissumue quid est, ex eo ex quo dictum promissumue quid est.

Gai fr. 20 eodem.
> Si uero ante uenditionis tempus dictum intercesserit, deinde post aliquot dies interposita fuerit stipulatio, Caelius Sabinus scribit ex priore causa, quae (qua emptor) statim, inquit, ut ueniit id mancipium, eo nomine posse agere coepit.

Nach der ersteren Stelle läuft die sechsmonatliche Frist für die Redhibition im Falle eines dictum oder promissum nicht von der Zeit des Kaufabschlusses, sondern von der Zeit an, wo das betreffende Versprechen gegeben wurde. Dies kann sich nur auf ein Versprechen beziehen, geleistet nach Abschluss des Kaufes. Denn ein vorher gegebenes Versprechen erhält seinen Bestand erst durch den Kaufabschluss, wie die zweite Stelle zeigt, und kommt daher für den Lauf der Redhibitionsfrist nicht in Betracht. Läuft aber eine Frist im Falle eines nachträglichen dictum von der Zeit an, wo die Zusage gemacht war, so muss ein solches dictum auch klagbar gewesen sein. Der Text der zweiten Stelle hat Schwierigkeiten bereitet und verschiedene Aenderungsversuche hervorgerufen. Huschke[158]) verwandelt quae in itaque. Auf diese Weise fehlt uns

---

158) Pandektenkritik S. 44.

aber noch der emptor. Ich glaube: es bedarf gar keiner Textänderung, wir brauchen bloss quae in qua emptor aufzulösen. Der Schlusssatz wäre darnach zu übersetzen: aus welchem Grunde der Käufer sofort in der Lage ist, deshalb klagen zu können, sobald der Sklave verkauft ist. Am inquit brauchen wir keinen Anstoss zu nehmen: ein solches überflüssiges inquit neben scribere kommt auch sonst vor [159]). Und ist es am Ende so ganz überflüssig? Es könnte möglicherweise so viel vorstellen sollen, wie unser heutiges Anführungszeichen.

Solange diesem zufolge der Aedil nur auf dicta und promissa Rücksicht nahm und zu deren Geltendmachung seine redhibitorische wie ästimatorische Klage zur Anwendung brachte, konnte von einer Präscriptio de pacto selbstverständlich keine Rede sein. Wir haben uns in dieser Beziehung aber noch abzufinden mit einem Ausspruche von Ulpian in fr. 19 § 2 de aed. ed.

> Dictum a promisso sic discernitur: dictum accipimus, quod uerbo tenus pronuntiatum est nudoque sermone finitur: promissum autem potest referri et ad nudam promissionem siue pollicitationem uel ad sponsum.

Hiernach ist dictum die einseitige Zusage, ohne dass auf die Annahme von der andern Seite Rücksicht genommen wird. Promissum dagegen umfasst auch dieses einseitige Versprechen, mag man sich

---

159) Vgl. z. B. fr. 3 Si pars her. 5, 4; fr. 52 § 2 pro socio 17, 2.

dasselbe formell oder formlos vorstellen: die nuda promissio wie pollicitatio. Letztere ist hier im eigentlichen Sinne zu verstehen [160]). Ausserdem bedeutet promissum das Stipulationsversprechen, es steht in Beziehung zu sponsus im weiteren Sinne [161]). So ist diese Stelle schon ganz richtig von Danz [162]) gedeutet. Und dabei ist noch zu bedenken, dass wir es hier mit einer spätern Erklärung zu thun haben, die Dinge in das promissum hineinlegt — promissum autem potest referri — an welche man ursprünglich schwerlich gedacht haben wird. An sich betrachtet, weist uns das promissum lediglich auf das Stipulationsversprechen hin. Bechmann [163]) ist freilich der Ansicht, dass das promissum des ädilizischen Edictes das formlose Versprechen, also das Pactum, mitbegreife. Das wird indessen weder durch andere Stellen noch die ausgeschriebene dargethan. In der letzteren könnte zur Not der Ausdruck pollicitatio so verstanden werden. Dann müsste man nuda promissio, pollicitatio und sponsus als drei gleichwertige Begriffe nehmen. Dagegen spricht aber die Verschiedenartigkeit der Partikeln: et heisst 'auch', siue verknüpft pollicitatio eng mit promissio, und uel leitet zur andern Alternative über.

In einem spätern Anbau, den das ädilizische Edict erfahren, ist allerdings ein einzelnes Pactum

---

160) Vgl. fr. 3 de poll. 50, 12.
161) Gell. N. A. 4, 4 § 2: qui stipulabatur ex sponsu agebat.
162) Gesch. des röm. Rechts Bd. I² S. 163.
163) Kauf Bd. I S. 408.

mit herangezogen. Hierauf gehen ein paar Stellen, die zum Teil schon gelegentlich berührt sind [164]).

Ulp. fr. 31 § 22, 23 de aed. ed. 21, 1.

Si quid ita uenierit, ut, nisi placuerit, intra praefinitum tempus redhibeatur, ea conuentio rata habetur: si autem de tempore nihil conuenerit, in factum actio intra sexaginta dies utiles accomodatur emptori ad redhibendum, ultra non. si uero conuenerit, ut in perpetuum redhibitio fiat, puto hanc conuentionem ualere. § 23. Item si tempus sexaginta dierum praefinitum redhibitioni praeteriit, causa cognita iudicium dabitur.

Die Stelle bezieht sich auf den Verkauf von Sklaven. Dies ergiebt sich aus dem nicht ausgeschriebenen Teile von § 23, wo es heisst: cur intra diem redhibitum mancipium non est. Ich glaube sogar, dass quid interpoliert ist; im Edict wird statt dessen mancipium gestanden haben. Ist bei Abschluss des Kaufes vereinbart, dass das Rücktrittsrecht binnen der vorgeschriebenen Zeit, d. h. innerhalb sechzig Tagen, ausgeübt werde, so wird die Vereinbarung als gültig betrachtet. Das ist vom Standpunkte des ädilizischen Edictes aus dahin zu verstehen, dass dann die redhibitoria innerhalb sechzig Tagen Platz greift [165]). Nach Ablauf dieser Frist bedarf es einer voraufgehenden Untersuchung und eines besonderen Decretes. Dieselbe Klage

---

164) Siehe oben § 15 S. 118 flg.
165) Vgl. Ulp. fr. 1 § 6 Dep. 16, 3: rata est conuentio.

glaubt Ulpian befürworten zu können, wenn dem Käufer der Rücktritt stets freistehen soll. Ist aber die Zeit, innerhalb welcher das Rücktrittsrecht auszuüben, nicht näher festgesetzt, so wird eine in factum actio innerhalb sechzig Tagen tauglicher Zeit gewährt. Es werden hier mithin einander gegenübergestellt in factum und redhibitoria, wie Voigt[166]) schon ganz richtig hervorgehoben hat. Man darf nicht etwa, wie vielfach geschehen[167]), die Klagen ex empto uendito hineinmischen: denn für diese waren die Aedilen gar nicht zuständig. Wendt[168]) ist der Ansicht, dass die Worte 'in factum actio accomodatur emptori ad redhibendum' nicht dem Edicte angehörig seien. Wohl aber könnte, so möchte ich einwenden, eine in factum actio im Edicte proponiert gewesen sein. Dagegen spräche wenigstens nicht das accomodatur[169]). Jedenfalls ist Wendt nicht zuzugeben: dass der ganze Redhibitionsvertrag nicht im Edicte enthalten, sondern nur an dasselbe angelehnt sei. Gestanden haben muss im Edict:

> Si mancipium ita uenierit, ut, nisi placuerit, intra sexaginta dies redhibeatur, eam conuentionem ratam habebimus.
>
> Si tempus praefinitum redhibitioni praeterierit, causa cognita iudicium dabimus.

Wendt meint: die Interpretation könnte sich

---

166) Ius naturale Bd. 3 S. 855 Anm. 1349.
167) Vgl. z. B. Glück, Pand. Bd. 16 S. 226.
168) Reurecht Heft 2 S. 94.
169) Vgl. Gai 4, 110 mit Gai 2, 253.

wegen der sechzig Tage 'an jenes nebensächliche Muster' betreffend die ornamenta gehalten haben. Dem gegenüber wäre, von sonstigen Einwänden abgesehen, hervorzuheben: dass der Anspruch wegen Zierraten sich im Jumentenedict befindet, während wir es hier mit dem Sklavenedict zu thun haben.

Das hier besprochene Edict hatte einen Vorläufer in der in factum actio ad pretium reciperandum, von der Ulpian fr. 31 § 17 de aed. ed. handelt. Bei dieser in factum actio war Voraussetzung, dass die Redhibition bereits geschehen sei. Diese Redhibition lehnt sich freilich ebenfalls an ein nachträgliches Pactum an oder kann sich wenigstens an ein solches anlehnen; aber auf dieses Pactum wird hier noch keine Rücksicht genommen. Denn heisst es fr. 31 § 18 de aed. ed.: conuentio ergo de redhibendo non facit locum huic actioni, sed ipsa redhibitio.

Andererseits trat uns schon Vat. fr. 14 in dem dort von Papinian vorgeführten iudicium in factum de reciperando pretio mancipi eine Erweiterung unseres Edictes entgegen [170]. Wenn auf Grund eines sog. pactum displicentiae der Käufer bereits den Sklaven zurückgegeben hat, die Redhibition seinerseits mithin schon ausgeführt worden [171], soll ihm wegen Wiedererlangung des Preises ein iudicium in factum gewährt werden.

170) Siehe oben § 15 S. 118 flg.
171) Vgl. wegen des Begriffes Redhibition Bechmann, Kauf Bd. 1 S. 403 Anm. 2; Windscheid, Pand. Bd. 2⁷ § 394 Ziffer 2.

Ich stelle jetzt die Frage, auf die es uns vor allen Dingen ankommt: wie sah es auf dem Gebiete des ädilizischen Edictes mit der Präscriptio de pacto aus? Wir sind ja jetzt einem Pactum 'nisi placuerit' begegnet, das hier klagend geltend gemacht werden konnte. Aber als Klagen, die diesem Zwecke dienten, sind uns nur begegnet die redhibitorische und dieser nachgebildete in factum actiones. Also ein Klagen mit vorgeschriebenen Worten fand auch in dieser Beziehung bei den Aedilen nicht statt. Dieser Gegensatz zwischen in factum actio und Klage mit Präscriptio ist freilich, wie vom Standpunkte der Justinianischen Compilation sehr begreiflich, bisher nicht gebührend hervorgehoben. So spricht z. B. Glück[172]) in Bezug auf fr. 31 § 22 de aed. ed. von einer actio in factum praescriptis uerbis.

Wir sind indes mit diesem Pactum noch nicht zu Ende. Zunächst möchte ich die Aufmerksamkeit lenken auf c. 4 pr. de aed. ed. 4, 58 Impp. Diocl. et Max.

> Si praedium quis sub ea lege comparauerit, ut, si displicuerit, inemptum erit, id utpote sub condicione uenditum resolui et redhibitoriam aduersus uenditorem competere palam est.

Hier wird das ädilizische Edict betreffend das sog. pactum displicentiae auf Grundstücke zur Anwendung gebracht. Unter der redhibitoria kann füglich nichts anderes verstanden werden, als dieselbe

---

172) Pandekten Bd. 16 S. 226.

Klage, welche in fr. 31 § 22 de aed. ed. eine in factum actio ad redhibendum genannt wird [173]). Daran dürfen wir keinen Anstoss nehmen; gegen die Formenunterschiede ist man schon gleichgültiger geworden. Dieselben Kaiser sprechen ebenfalls von einer legis Aquiliae actio, wo es sich nur um eine Erweiterung der ursprünglichen Klage handelt [174]).

Ist es aber nicht sehr bemerkenswert, dass das ädilizische Edict, welches nur von Sklaven und Vieh redet, mit Grundstücken in Verbindung gebracht wird? Ich erkläre mir die Sache daraus, dass die ädilizische Gerichtsbarkeit inzwischen aufgehoben war. Schon in einer Verordnung von Severus Alexander (222—235) wird die Beseitigung der curulischen Aedilität angebahnt [175]). Was mag aber nach Aufhebung dieser Behörde aus der Marktgerichtsbarkeit geworden sein? Man wird sie mit der ordentlichen Gerichtsbarkeit vereinigt haben. Damit war zugleich eine Handhabe gegeben, mit Erweiterung der ädizilischen Grundsätze fortzufahren. Gemeines Kaufrecht und Marktrecht fliessen mehr und mehr ineinander. Dies tritt uns ganz deutlich im Codextitel 4, 58 entgegen. Die Ueberschrift ist nicht mehr de aedilicio edicto, sondern de aediliciis actionibus. Dieselbe Ueberschrift befindet sich bereits im Codex Theodosianus 3, 4. Von Aedilen ist keine Rede

---

173) Vgl. Czyhlarz, Resolutivbed. S. 46.
174) c. 5 de lege Aq. 3, 35 und dazu Pernice, Sachbeschädigungen S. 147.
175) Vita Alexandri c. 43 § 3 und dazu Mommsen, Röm. Staatsrecht Bd. 1³ S. 559.

mehr, statt dessen zweimal, c. 1 und c. 3, von einem competens iudex bezw. iudex competens. Für Unterbringung in diesem Titel scheinen mehr sachliche Gesichtspunkte massgebend gewesen zu sein, als die früheren formellen Gegensätze. Denn abgesehen von unserer c. 4 handeln die übrigen vier Stellen sämmtlich von flüchtigen Sklaven. Und nehmen wir andererseits unsern Ausgang vom früheren Rechte, so dürfte der Schadensersatzanspruch in c. 1[176]) eher auf eine actio empti hinweisen.

Freilich ist die klassische römische Wissenschaft ebenfalls schon bemüht gewesen, ädilizische Grundsätze auf die Klagen des Civilrechts zu übertragen[177]). In unserer c. 4 treffen wir aber die redhibitoria, oder doch wenigstens eine derselben nachgebildete in factum actio, bei Grundstücken an. Das finde ich bemerkenswert; obwohl ich vom Standpunkte der herrschenden Ansicht aus vielleicht kaum berechtigt bin, diesen Punkt besonders hervorzuheben. Denn man pflegt sich die Sache so vorzustellen, als ob in Betreff der Gegenstände der Unterschied zwischen dem ädilizischen und Civilrechte längst ausgeglichen gewesen sei. Als Hauptstelle führt man an Ulp. fr. 1 pr. de aed. ed. 21, 1.

> Labeo scribit edictum aedilium curulium de uenditionibus rerum esse tam earum quae soli sint quam earum quae mobiles aut se mouentes.

---

[176] Vgl. Vangerow, Pand. Bd. 3⁷ § 609 Anm. 2, Nr. III.
[177] fr. 13 pr. § 1 A. E. V. 19, 1 und dazu Vangerow a. a. O. Nr. II; fr. 11 § 3 eodem und dazu Bechmann, Kauf Bd. 2 S. 545; fr. 31 § 20 de aed. ed. und dazu Vangerow a. a. O. Nr. VII.

Ich bestreite aber, dass Labeo und Ulpian wirklich so geschrieben haben, wie die Justinian'schen Compilatoren sie hier schreiben lassen. Die curulische Aedilität wird ihre gesetzliche Grundlage gehabt haben, wenn uns auch das Gesetz nicht überliefert ist [178]. In diesem Gesetze muss ihre Zuständigkeit näher bestimmt gewesen sein. Da nun im Edicte der Aedilen lediglich von Sklaven und Vieh die Rede ist, so werden wir diese Sachen als die gesetzliche Schranke zu betrachten haben. Wie hätte es diesen untergeordneten Magistraten wohl freistehen können, beliebig in die Gerichtsbarkeit des Prätors einzugreifen, und sogar wegen Grundstücke Klagen zu erteilen? In der That ist die Interpolation sicher: denn Kalb [179] weist darauf hin, dass se mouentes ein Justinianismus; noch Ulpian schrieb res mouentes bezw. mouentia [180]. Im Altlateinischen war nämlich die Zahl der Verba activa mit transitiver wie intransitiver bezw. reflexiver Bedeutung grösser als bei den Klassikern. Zu diesen Verba gehört auch mouere, das seine reflexive Bedeutung in der Rechtssprache sich lange bewahrt hat. Labeo hat vermutlich nur hervorheben wollen, dass sich das Edict der Aedilen auf Verkäufe beschränke; die Worte tam earum .. se mouentes werden Zuthat der Compilatoren sein. Hier wie anders-

---

[178] Mommsen, Röm. Staatsr. Bd. 2 Abt. 1³ S. 480 Anmerk. 1.
[179] Juristenlatein S. 16.
[180] fr. 15 § 2 de re iud. 42, 1.

wo [181]) haben sie eine eingetretene Hauptänderung gleich an die Spitze des Titels gestellt. Andererseits steht dieser Ausspruch in dem betreffenden Digestentitel recht vereinsamt da. Man hat ihn freilich zu stützen gesucht durch fr. 63 ebendaselbst. Allein hätten wir nicht fr. 1 pr., so könnten wir die in fr. 63 vorkommenden ceterarum quoque rerum kaum auf etwas anderes beziehen, als auf die Sachen, von denen sonst im Edict der Aedilen die Rede. Möglich bliebe freilich auch nach dieser Richtung eine Interpolation. Die sonstigen Stellen, welche man noch beigebracht hat — fr. 49 de aed. ed.; fr. 6 § 4, fr. 13 pr. A. E. V. — gedenken entweder ausdrücklich der Kaufklage, oder es steht doch nichts im Wege, sie mit dieser Klage in Verbindung zu bringen.

Ich behaupte demnach: die Gerichtsbarkeit der Aedilen beschränkte sich, solange es Aedilen gab, auf Sklaven und Vieh. Erst als diese Marktgerichtsbarkeit beseitigt und mit der ordentlichen Gerichtsbarkeit wieder vereinigt war, werden die ädilizischen Klagen auf andere Sachen, insonderheit Grundstücke übertragen. Es wäre gar nicht unmöglich, dass das sog. pactum displicentiae in dieser Beziehung den Anfang gemacht hätte. Jedenfalls ist dasselbe auch bei Grundstücken redhibitorisch geltend gemacht worden. Und damit wird zusammenhängen,

---

181) fr. 1 Leg. 1; c. 1 per quas pers. 4, 27; c. 1 A. et R. P. 7, 32. Vgl. zu den beiden letzteren Stellen Vacua Possessio Bd. 1 S. 232 und 222 flg.

dass man in fr. 31 § 22 de aed. ed. für mancipium ein quid einsetzte.

Weiter verdient eine kurze Besprechung Ulp. libro primo ad ed. aed. cur. fr. 31 de pactis 2, 14.
> Pacisci contra edictum aedilium omnimodo licet, siue in ipso negotio uenditionis gerendo conuenisset siue postea.

Hiernach hätten die Aedilen auf alle Pacta Rücksicht zu nehmen gehabt, mochten sie nun gleich bei Eingehung des Kaufes oder nachträglich abgeschlossen sein. Das ist jedenfalls spätere Rechtsbildung, die möglicherweise erst auf Ulpian zurückgeht. Was den Umfang dieses neuen Rechtssatzes anbetrifft, so ist daran zu erinnern, dass ein nachträgliches dictum nach ädilizischem Rechte eine Klage erzeugte: hat nun vielleicht das Pactum an die Stelle dieses Dictum treten sollen? Man möchte versucht sein, die Frage zu bejahen. Dann träte aber Ulpian mit sich selber in Widerspruch, da er nach fr. 31 § 17 de aed. ed. — ebenfalls dem ersten Buche des betreffenden Commentares entnommen — einem nachträglichen Pactum die Klagbarkeit versagt. Also wird die Uebertragung der Pacta auf das ädilizische Edict so zu verstehen sein, dass hier die allgemeinen Grundsätze zur Anwendung kommen sollten, wonach später hinzugefügte Pacta bei gutgläubigen Obligationen regelmässig wohl eine Einrede, aber keine Klage erzeugten[182]). Dem entspricht im Titel de aediliciis actionibus 4, 58 der

---

182) fr. 7 § 5 de pactis 2, 14; c. 13 eodem 2, 3.

c. 3 § 1 aufgestellte Satz: secundum fidem tamen antecedentis uel in continenti secuti pacti experiri posse non ambigitur. Andererseits giebt freilich zu denken c. 1 quando decreto 5, 72 vom Jahre 205.

Si probare potes patrem pupilli, cuius tutorem conuenisti, consensisse, ut reddito tibi praedio pretium reciperaret, id quod conuenit seruabitur. neque enim in ea re auctoritas praesidis necessaria est, ut tutorum sollicitudini consulatur, si uoluntati defuncti pareant.

Nach Bechmann[183]) soll es sich hier um einen vorbehaltenen Rücktritt des Käufers handeln: aber der Klagende ist ja der alte Verkäufer! Ich möchte die Stelle eher auf einen neuen Kaufvertrag beziehen, abgeschlossen zwischen dem Vater des Mündels als Verkäufer, und dem früheren Verkäufer als Käufer, zu dem es eines Veräusserungsdecretes nicht bedarf. Denn das ist doch auch nach römischem Rechte zulässig: dass, wer eine Sache verkauft hat sie nachher zu demselben Preise wiederkaufen kann. Und dass zwei derartige Kaufgeschäfte sich wesentlich unterscheiden von Auflösung eines Kaufgeschäftes, bedarf keiner weiteren Ausführung. — So scheinen denn die Grundsätze des dictum anlangend die Klagbarkeit auf die Pacta nicht übertragen zu sein.

Die hier zuletzt besprochenen Hauptstellen, insonderheit fr. 31 § 22 de aed. ed., greifen in gemeinrechtliche Streitfragen ein, welche noch kurz be-

---

183) Kauf Bd. 2 S. 530.

rührt werden mögen. Windscheid [184]), indem er gleichsam die Ansichten Goldschmidt's [185]) und Fitting's [186]) verbindet, unterscheidet zwischen auflösender Bedingung mit dinglicher Wirkung und obligatorischer Verbindlichkeit zur Rückgängigmachung. Letztere denkt er sich entweder unabhängig vom ädilizischen Edict, oder so, dass die Anwendung desselben gewollt war. Nur falls ein derartiger Wille vorhanden, soll die sechzigtägige Frist in Betracht kommen. — Was zunächst die auflösende Bedingung mit dinglicher Wirkung anbetrifft, so ist sie den Quellen nicht bloss unbekannt, sondern auch schwer in Einklang zu bringen mit Ulp. fr. 3 Quib. modis pignus 20, 6: Marcellus .. quamquam, ubi sic res distracta est, nisi emptori displicuisset, pignus finiri non putet [187]). Zudem dürfte es für das heutige Recht kaum richtig sein, derartige Nebenberedungen vom Standpunkte einer auflösenden Bedingung aus zu betrachten [188]). Bei der obligatorischen Verbindlichkeit soll der Ausdruck redhibere, vielleicht auch inemptum esse, auf den Unterwerfungswillen hinweisen. Also wohl nicht reddere? Nun wird aber das redhibere des ädilizischen Edictes nicht bloss mehrfach durch reddere erläutert,

---

184) Pandekten Bd. 2⁷ § 387 Anm. 7 und 13; § 323 Nr. 3 und Anm. 14; Bd. 1 § 90 Anm. 2 und 3; § 93 Anm. 3.
185) Siehe dessen Zeitschr. für Handelsrecht Bd. 1 S. 112 und 113.
186) Ebendaselbst Bd. 2 S. 272—274.
187) Vgl. Bechmann, Kauf Bd. 2 S. 551 flg.
188) Siehe Wendt, Reurecht Heft 2 S. 42 flg.

bezw. umschrieben [189]); es kommt dieses reddere sogar in der formula redhibitoria selber vor [190]). Ferner werden inemptum facere und reddere gleichbedeutend gebraucht [191]). Andererseits finden wir freilich auf Grund eines reddere eine ex empto actio gewährt [192]). Was sollte indessen den Prätor abgehalten haben, bei einem inemptum esse bezw. redhibere anders zu verfahren? Es dürfte hier weniger auf den Willen der Vertragschliessenden als der Magistrate ankommen [193]). — Dann wäre noch zu bedenken, dass die ex empto actio zwar von Sabinus und Papinian [194]) befürwortet wurde, aber bei vielen Anstoss erregt haben muss [195]). Noch Paulus lässt die Wahl zwischen dieser und einer proxima empti in factum, welche letztere erst besonders erbeten werden musste. Dagegen im ädilizischen Edicte fand der Klagenwollende ausdrücklich ausgesprochen, was ihm passte, und wird es im allgemeinen vorgezogen haben, hierauf seine Klage zu stützen. Ferner ist kaum daran zu zweifeln, dass diese sechzigtägige Frist vom Standpunkte des Justinian'schen

---

189) fr. 21 pr. § 1, fr. 23 pr., fr. 24 de aed. ed. 21, 1.
190) fr. 25 § 9 de aed. ed. Wegen der Interpolation edicto statt formula siehe Lenel, Ed. S. 437.
191) fr. 68 § 3 de furtis 47, 2 und dazu Bechmann, Kauf Bd. 2 S. 553.
192) fr. 6 de resc. uend. 18, 5.
193) Freilich ist Dernburg, Pand. Bd. 2 § 95 Anm. 10 der Ansicht Windscheid's beigetreten. Gegen Windscheid haben sich erklärt Czyhlarz, Resolutivbed. S. 43 flg., Wendt, Reurecht Heft 2 S. 96, 97.
194) Fr. Vat. 14.
195) Siehe oben § 15 S. 109 flg.

Rechtes aus als eine allgemein gültige betrachtet werden muss, da es eine besondere ädilizische Gerichtsbarkeit überall nicht mehr gab. Und was hier Justinian'sches, warum sollte es nicht auch gemeines Recht sein? — Bechmann[196]) hebt hervor, dass diese gesetzliche Frist sich nicht bloss auf die **Erklärung** des Widerrufs, sondern auch auf die Erhebung der Klage beziehe. Da nun die concurrierende actio empti überhaupt nicht an eine Frist gebunden war, so hätte Justinian 'die actio in factum ganz streichen und die Versäumnis in unzweifelhafter Weise auf die **Erklärung** des Widerrufes beziehen müssen'. Jedenfalls habe 'für uns die actio in factum keine besondere Bedeutung mehr', und als geltendes Recht bleibe 'daher lediglich der Satz übrig, dass für die Erklärung des Widerrufs dem Gegner gegenüber eine Frist von sechzig Tagen' bestehe. Allerdings hat die actio in factum für uns keine besondere Bedeutung mehr; dasselbe gilt aber ebenfalls von der redhibitoria wie empti actio: da unser heutiger Formalismus ein wesentlich anderer als der römische[197]). Wenn heutzutage ein Käufer von dem ihm eingeräumten Rücktrittsrechte Gebrauch machen wollte, so hätte er in der Klage die Thatsachen anzugeben, auf die sich sein Anspruch stützt, und daran die Klagbitte zu reihen, dass der Kauf wieder aufgelöst werde. Das wäre eine Klage, die genau weder der römischen in factum noch der red-

---

196) Kauf Bd. 2 S. 546, 547.
197) Siehe oben § 15 S. 123 flg.

hibitoria actio entsprechen möchte; aber mit beiden jedenfalls mehr Aehnlichkeit hat, als mit der römischrechtlichen ex empto actio.

Dieser Punkt führt mich noch einmal zurück auf eine Aeusserung Papinian's [198]: dass das von ihm in's Auge gefasste ädilizische Judicium überflüssig sei. Gewiss für den, der die Auflösung eines Kaufgeschäftes mittelst der Kaufklage für möglich hielt. Dieser Standpunkt führt indessen viel weiter. Dann ist auch überflüssig die redhibitoria, und noch mehr die quanto minoris, die teilweise Aufhebung bezweckt. Nun haben sich aber die ädilizischen Klagen in der Justinian'schen Gesetzgebung erhalten. Der einheitliche Formalismus, welcher zum Teil von der römischen Wissenschaft auf dem Gebiete des Civilrechts angestrebt wurde — indem man glaubte, die Contractsklage zur Geltendmachung der verschiedenartigsten Ansprüche verwenden zu können — ist also im ganzen und grossen schliesslich doch nicht erreicht worden. Und unserm heutigen Formalismus steht die redhibitoria, sofern es sich um Aufhebung eines Kaufgeschäftes handelt, jedenfalls weit näher als die römische ex empto actio.

Wir haben gefunden, dass das ädilizische Edict keinen Raum darbot für die Praescriptiones pro actore, von denen Gajus 4, 131, 131ᵃ handelt, und ebenso verhält es sich mit der Praescriptio de pacto. Man pflegt sich die Sache wohl so vorzustellen, als ob es dem Klagenwollenden freigestanden hätte, sich vor

---

198) Fr. Vat. 14.

den Aedilen der actiones empti uenditi zu bedienen [199]). Dem muss ich auf das entschiedenste widersprechen. Die Aedilen scheinen für das Kaufgeschäft weiter keine Klagen gekannt zu haben, als redhibitoria und quanto minoris, sowie diesen nachgebildete in factum actiones. Hiermit wurde insonderheit geltend gemacht das Stipulationsversprechen, das Dictum und Pactum. Auch für den Anspruch auf Stipulatio duplae mussten redhibitoria wie quanto minoris ausreichen [200]).

Mit andern Rechtsgeschäften als dem Kaufe hatten die Aedilen überall nichts zu thun, insonderheit nichts mit der Miete [201]). Dem Kaufe wird allerdings der Tausch gleich behandelt [202]). Das wird damit zusammenhängen, dass Tausch und Kauf ursprünglich noch keine geschiedenen Rechtsgeschäfte waren [203]). Freilich verhält es sich mit Kauf und Miete ähnlich. Insonderheit wurde, was man später locatio conductio nannte, auch einmal mit emptio uenditio bezeichnet [204]). Und wenn hier eine Sonde-

---

199) Vgl. z. B. Unterholzner, Schuldverhältnisse Bd. 2 § 467.

200) Gai fr. 28 de aed. ed. und dazu Bechmann, Kauf Bd. 1 S. 401 flg.

201) Ulp. fr. 63 de aed. ed.: uel quia numquam istorum de hac re fuerat iurisdictio uel quia non similiter locationes ut uenditiones fiunt.

202) fr. 19 § 5 de aed. ed.

203) Vgl. oben § 14 Anm. 71.

204) Festus Wort Venditiones und Redemptores: Cato de agri cultura 149. Vgl. dazu Degenkolb, Platzrecht S. 138 flg. Plautus Aul. 3, 6 u. 31; Capt. 4, 2 u. 39. Vgl. dazu Demelius, Zeitschr. für Rechtsgesch. Bd. 2 S. 194. — Nach

rung eingetreten, so könnte darauf die Rechtsübung der Aedilen mit von Einfluss gewesen sein. Dieser Annahme wäre jedenfalls die doppelte Begründung, welche wir bei Ulp. fr. 63 de aed. ed. antreffen, nicht ungünstig.

Anlangend die Gegenstände, so sind die Aedilen nie für etwas anderes als Sklaven und Vieh zuständig gewesen. Andererseits hatten die Prätoren mit den Aedilen concurrierende Gerichtsbarkeit. Hier griffen dann aber die actiones empti uenditi Platz, auf welche im Laufe der Zeit verschiedene Grundsätze des ädilizischen Edictes übertragen wurden.

Da der Teilbarkeit des Anspruches altcivile Vorstellungen nicht im Wege standen, möchte ich vermuten: dass vor den Aedilen nie ein lege agere stattfand. Vielleicht hat sich hier der Formularprocess aus einem einheitlichen Verfahren mehr polizeilicher Natur entwickelt. Denn dass dem Edicte der Aedilen, wie es uns später entgegentritt, polizeiliche Vorschriften voraufgegangen sind, dafür fehlt es auch sonst nicht an Spuren [205]). Und des Imperiums, als dessen Ausfluss ursprünglich die Juris-

---

Bechmann, Kauf Bd. 1 S. 426 'sind .. Kauf und Miete von Alters her getrennte, wenn auch wiederum an einander anstossende .. Institute'; doch ist Bechmann geneigt, 'dem Kauf die prävalierende Stellung, der Miete die untergeordnete Stelle des Trabanten beizumessen'. — Näher kann ich auf diese Frage hier nicht eingehen.

205) Vgl. das ältere Edict bei Gell. N. A. 4, 2 § 1 und dazu Bechmann, Kauf Bd. 1 S. 400.

dictio erscheint, haben die Aedilen ja stets ermangelt.

Gewiss wäre es nicht ohne Interesse, wenn einmal die ädilizische Gerichtsbarkeit, die bisher fast nur vom Stellenvereinigungs-Standpunkte aus betrachtet worden, nach allen Richtungen hin in ihrer Eigenart aus den Quellen wieder herausgearbeitet würde.

Stellen-Verzeichnis.

Asconius.
pag. 52 11

Basilica.
11, 1, 5 Sch. 132
11, 1, 7 Sch. 132
23, 3, 59 132
29, 5, 24 § 3 u. Sch. . . . 127

Cato.
de agri cultura 149 . . . 172

Cicero.
ad Att. 18, 1 § 2 144
ad fam. 6, 12 § 3 144
de finibus 2, 1 § 3 . . . 34
de inu. 2, 20 § 59 . . . 20
de off. 3, 17 § 70 22
de oratore
   1, 36 § 166. 167 . . . 36
   1, 37 § 168 . . . . 32 flg.

Codex Hermogenianus.
1, 1 137

Codex Justinianus.
c. Tanta, Δέδωκεν § 1 . . 93
1, 3 de ep. et cler. c. 45 § 11 . 35
2, 3 de pactis
   c. 9 90
   c. 10 92
   c. 13 . . . . . 100, 166
   c. 21 138

2, 4 de transactionibus
   c. 6 . . . . 139 flg., 150
   c. 28 § 1 138
   c. 33 pr. § 1 . . 141, 150
2, 12 de procur. c. 10 . 81 flg.
2, 55 de receptis c. 5 pr. . 147
3, 34 de seru. c. 3 . . . 132
3, 35 de lege Aq. c. 5 . . 162
3, 36 Fam. erc.
   c. 14 . . . . . . 89 flg.
   c. 23 . . . . . . 88 flg.
   c. 26 88
3, 38 Comm. utriusque c. 7 . 89
4, 21 de fide instr. c. 17 pr. 25
4, 27 per quas pers. c. 1 . 165
4, 30 de non num. pec. c. 14 pr. 137
4, 32 de usuris
   c. 11 . . . . . . 129 flg.
   c. 13 44
   c. 23 . . . . . 129 flg.
   c. 25 133
4, 34 Depositi c. 4 . . . 44
4, 49 A. E. et V. c. 6 100, 125
4, 54 de pactis inter empt. et uend.
   c. 2 . . . . . 50, 111 flg.
   c. 3 . . . . . 50, 116 flg.
4, 58 de aed. act.
   Ueberschrift 162
   c 1. 2. 3 163
   c. 3 § 1 167
   c. 4 . . . . . . 161 flg.
   c. 5 163

	Seite
4, 64 de rer. perm.	
c. 4	72, 73
c. 5	73
c. 8	72, 85, 91
4, 65 Loc. cond.	
c. 9	50
c. 27	91
5, 11 de dotis prom.	
c. 4	92 fig.
c. 6	93, 147
5, 12 J. D. c. 6	83 fig.
5, 13 de rei ux. act. c. un.	
§ 13	84
5, 14 de pact. conu. tam super dote c. 1	92
5, 72 Quando decreto c. 1	167
6, 31 de rep. her. c. 3	139
7, 32 A. et R. P. c. 1	165
7, 45 de sent. et interl. c. 14	25
7, 50 Sent. resc. n. p. c. 2	23
8, 44 de cu. c. 2	91
8, 53 de donationibus	
c. 8	85
c. 22 § 1	85
c. 36 § 3	147

Codex Theodosianus.

2, 33 de usuris c. 1	129 fig.
3, 4 de aed. act. Ueberschrift	162
3, 13 de dotibus c. 4	147

Collatio.

10, 2 § 3	81

Columella.

de re rustica 1, 6	98

Consultatio.

4, 9	91

Digesta.

1, 2 O. J. fr. 2 § 6	51
1, 5 de statu hom. fr. 17. 15,	130
2, 5 Si quis in ius fr. 3	22
2, 14 de pactis	
fr. 5	65, 147
fr. 6	65 fig., 147
fr. 7 § 2	65, 67 fig., 75, 83, 148

	Seite
fr. 7 § 4	92
fr. 7 § 5	65, 91, 94, 100, 119, 166
fr. 7 § 6	100
fr. 7 § 10	74
fr. 27 § 2	100
fr. 31	166 fig.
3, 2 de his qui not. fr. 6 § 6	82
3, 5 N. G. fr. 18 § 1	41
4, 8 de receptis	
fr. 13 § 2	144
fr. 34 § 1	41
5, 1 de iud. fr. 41	49
5, 2 de inoff. test.	
fr. 6 § 2 fr. 7	140
fr. 27 pr.	139
5, 3 H. P. fr. 20 § 6 a	22
5, 4 Si pars her. fr. 3	156
6, 1 R. V.	
fr. 46. 47	27
fr. 52	121
7, 1 de usu fructu fr. 60 § 1	121
7, 9 Usufructuarius quemadm.	
fr. 1 § 6	41
8, 4 Comm. praed. fr. 13 pr.	50
10, 1 Fin reg. fr. 4 § 1	146
10, 2 Fam. erc.	
fr. 18 § 2	86 fig., 151
fr. 20 § 3	87 fig.
fr. 25 § 21	90
fr. 32	87
10, 3 Comm. diu.	
fr. 10 § 2	90
fr. 23	69, 121
11, 6 Si mensor fr. 3 § 6	146
12, 1 de rebus creditis	
fr. 9 pr.	45
fr. 11 pr.	16
fr. 15	17
fr. 40	61, 135
12, 2 de iureiur. fr. 3 pr. fr. 5 § 4 fr. 7 pr. fr. 9 pr.	146
12, 7 de cond. sine causa fr. 1 § 1	72
13, 2 de cond. ex lege fr. 1	66 fig.
13, 4 de eo quod certo l. fr. 8	36, 43 fig.
13, 5 de pec. const.	
fr. 1 § 1	142

	Seite		Seite
fr. 14 § 3 fr. 26	143	fr. 21 § 4	50, 101 flg.
13, 6 Commodati		fr. 21 § 5	50, 113
fr. 5 § 2	81	fr. 21 § 6	50
fr. 5 § 12	51	fr. 33	46 flg.
13, 7 de pigu. act.		fr. 53 pr. § 2	50
fr. 8 § 3	40	19, 2 Loc. cond.	
fr. 13 pr.	112 flg.	fr. 11 § 4	51, 98 flg
16, 3 Depositi		fr. 12	98
fr. 1 § 6	158	fr. 19 § 5	29 flg, 50
fr. 1 § 13	82	fr. 21	95
17, 1 Mandati		fr. 24 § 2. 3	49
fr. 8 pr.	82	fr. 24 § 4	51
fr. 10 pr.	150	fr. 25 § 1	50
fr. 34 pr.	91	fr. 30 § 2	99
fr. 39	82	fr. 58 pr.	50
fr. 59 § 1	150	19, 3 de aestimatoria	
fr. 60 § 4	150	fr 1 pr.	70, 71 flg., 74
17, 2 pro socio		fr. 1 § 1	73, 77
fr. 35	150	fr. 1 § 2	77
fr. 38 pr.	22	19, 5 de praesc. uerb.	
fr. 52 § 2	156	fr. 1 § 1	52, 77, 82
fr. 58 § 2	51	fr. 1 § 2	52, 82
18, 1 de contrahenda emptione		fr. 2	53
fr. 1 § 1	100	fr. 5 § 2	75 flg., 77
fr 6 § 1	50, 114 flg., 123	fr. 5 § 4, fr. 6, fr. 7	77
fr. 50	103 flg., 150.	fr. 8	77, 91
fr. 68 pr.	150	fr. 9, fr. 10	77
fr. 68 § 2	26	fr 11	77, 121
fr. 72 pr.	100	fr. 12	76, 77, 110 flg.
fr. 75	50, 101 flg., 113	fr. 13 pr. § 1 fr. 14 pr.	
fr. 79	50, 95, 99 flg.	§ 1. 2. 3	77
18, 2 de in diem add.		fr. 15	77, 92
fr. 4 § 4	50, 117	fr. 16 pr. § 1	77
fr. 16	51, 117 flg.	fr. 19 § 2	78
18, 3 de lege comm.		fr. 22, fr. 23	77
fr. 4 pr.	50, 116, 119	fr 26 § 1	76, 77
fr. 5	114	20, 4 Qui potiores fr. 13	50
18, 5 de resc. uend. fr. 6	50, 90 flg., 169	20, 5 de distr. pign. fr. 7 § 1	113
		20, 6 Quib. modis pign. fr. 3	168
18, 6 de per. et comm. fr. 19 pr.	50	21, 1 de aedilicio edicto	
19, 1 A. E. V.		fr. 1 pr.	163 flg.
fr. 6 § 1	50	fr. 1 § 1	152 flg.
fr. 6 § 4	165	fr. 4 § 3. 4 fr. 14 § 9 fr. 17 § 20	153
fr. 11 § 3	163		
fr. 11 § 6	100, 124 flg	fr. 18	154
fr. 13 pr.	163, 165	fr. 19 pr. § 1	153
fr. 13 § 1	163	fr. 19 § 2	153, 154, 156 flg.
fr. 13 § 16	50	fr. 19 § 3 4	153
fr. 13 § 30	50, 96 flg, 149	fr. 19 § 5	172

	Seite
fr. 19 § 6	153, 154, 155
fr. 20	154, 155 flg
fr. 21 pr. § 1 fr. 23 pr.	
fr. 24 fr. 25 § 9	169
fr. 28	172
fr. 31 § 1	154
fr. 31 § 16	31
fr. 31 § 17	54, 120, 160, 166
fr. 31 § 18	160
fr. 31 § 20	163
fr. 31 § 22	120, 121, 158 flg, 161, 162, 167
fr. 31 § 23	58 flg.
fr. 33 pr.	154
fr. 38 § 10	152, 154
fr. 47 pr.	154
fr. 48 § 7	31
fr. 49	165
fr. 52	154
fr. 63	165, 172, 173
fr. 64 § 1	154
21, 2 de euictionibus	
fr. 30, fr. 31	38
fr. 32 pr.	38, 49
fr. 32 § 1	38
fr. 47	46 flg.
fr. 54 pr.	22
fr. 66 § 3	90
fr. 72	46 flg.
22, 1 de usuris	
fr. 30	128
fr. 41 § 2	134 flg
22, 2 de nautico faeuore	
fr. 5 pr. § 1	129
fr. 7	128
23, 3 J. D fr. 9 § 3	82
23, 4 de pactis dotalibus	
fr. 20 § 1	84
fr. 26 § 3	126 flg.
24, 1 de don. i. u. et ux. fr. 21 pr.	126
24, 3 Soluto matrimonio	
fr. 22 § 8	125, 126
fr. 24 § 2	51
fr. 45	84
25, 3 de agnosc. fr. 3 § 2—5	28
26, 7 de adm. tut. fr. 37 pr.	36
27, 3 de tutelae fr. 15	82

	Seite
27, 9 de rebus eorum fr. 3 § 4	130, 132
28, 3 de ini. rupto fr. 12 pr.	23
28, 7 de cond. inst. fr. 8 § 6	106
30 Leg. 1 fr. 1	165
31 Leg. 2 fr. 2	37
32 Leg. 3 fr. 79 pr.	37
33, 1 de annuis legatis	
fr. 3 pr.	40
fr. 4 fr. 11	35
fr. 18 pr.	36
34, 2 de auro arg. fr. 19 pr.	
fr. 27 § 1	6
34, 4 de adimendis fr. 23	87
35, 1 C. et D.	
fr. 24	108
fr. 101 § 4	36
35, 2 ad leg. Falc. fr. 1 § 16	35
35, 3 Si cui plus fr. 3 § 9	41
36, 1 ad S. C. Treb. fr. 56 pr.	150
36, 2 Quando dies	
fr. 10 fr 11 fr. 12 pr.	35
fr. 12 § 4 fr. 20 fr. 26 § 2	36
39, 5 de don. fr. 28	85 flg
39, 6 M. C. fr. 35 § 7	36, 40
40, 7 de statuliberis fr 3 § 1	108
41, 4 pro emptore fr. 2 § 21 fr. 3	27
41, 10 pro suo fr. 4 § 1	88
42, 1 de re iud. fr. 15 § 2	164
43, 17 Uti poss fr. 3 § 11	27
43, 26 de precario	
fr. 2 § 2	73, 74, 79, 82
fr. 19 § 2	67, 73, 79, 82
44, 2 de exc. rei iudicatae	
fr. 20	35
fr. 21 pr.	9 flg., 46
fr. 22	45 flg.
fr. 23	43 flg.
44, 7 O. et A. fr. 35 pr.	121
45, 1 V. O.	
fr. 1 § 5	37, 38
fr. 16 § 1	4, 36
fr. 29 pr.	37, 38
fr. 75 § 6	37
fr. 75 § 7	10
fr. 75 § 9	37, 44
fr. 76 § 1	5
fr. 83 § 4	38

	Seite		Seite
fr. 86	37	3, 141	101
fr. 89	5	3, 146	107
fr. 121 § 3	82	3, 183 flg.	22
fr. 125	5	4, 11	51
fr. 133	42, 55	4, 17	118
fr. 134 § 3	77, 38 flg.	4, 45	75
fr. 140 pr.	39	4, 46	63
fr. 140 § 1	5 flg., 39 flg.	4, 47	76
45, 3 de stip. seruorum		4, 53 d	52, 58
fr. 1 pr. fr. 15	58	4, 59	35
fr. 18 § 3	4	4, 60	34
46, 3 Sol. fr. 46 § 1	49	4, 62	22
46, 8 Ratam rem fr. 18	42	4, 108	3, 34
47, 2 de furtis		4, 110	159
fr. 14 § 11	81	4, 125	23
fr. 68 § 3	169	4, 130—137	2, 151
47, 9 de incendio fr. 7	121	4, 130	21
49, 14 de iure fisci		4, 131	2 flg., 149, 152, 171
fr. 13 § 7	40	4, 131 a	23 flg., 62, 94, 149, 152, 171
fr. 15 § 3	22		
50, 12 de poll. fr. 3	157	4, 132	19 flg.
50, 16 V. S. fr. 10 fr. 49 fr. 178 § 2	45	4, 133	20 flg.
		4, 134	21, 57 flg., 83, 140, 147
50, 17 R. J.		4, 135	57 flg.
fr. 23	81	4, 136	8 flg., 41, 53
fr. 161	108	4, 137	8 flg.
		4, 148—150. 154. 162. 166 a. 170	121
Festus.		4, 186	22
Fenus et feneratores und fenus	134		
Redemptores	172	**Gellius.**	
Statuliber	108		
Venditiones	172	N. A. 4, 2 § 1	173
Fragmenta Vaticana.		**Institutiones Justiniani.**	
14	50, 54, 118 flg., 160, 169, 171	c. Imperatoriam § 6	18
49	3	2, 4 de usu fructu § 2	133
		3, 15 V. O. § 3	5
Gaius.		3, 17 de stip. seru. § 1	58
1, 7. 79	15	3, 19 de inut. stip. § 19	58
2, 18—25. 31. 32	19	3, 23 de empt. et uend. § 2	101
2, 51. 126	14	3, 26 de mandato § 13	82
2, 149	23	4, 1 de obl. quae ex del. n. § 4	22
2, 253	159		
2, 282	44	4, 6 de actionibus	
3, 33. 54	18	§ 11	146
3, 90. 91	17	§ 17	121
3, 120	10	§ 28	74
3, 134	135	§ 32	25

	Seite		Seite
Liuius.		**Scriptores historiae Augustae.**	
26, 16 § 9	103	Vita Alexandri c. 43 § 3 .	162
Nouellae Justiniani.		**Ulpiani fragmenta.**	
136 c. 4 138,	147	19, 6	48
Pauli sententiae.			
2. 14 § 1	91	**Urkunden.**	
5, 6 § 10 . . . . . 79 fl	g.		
5, 12 § 9	91	Lex coloniae Genetiuae	
Plautus.		c. 82	104
		c. 128	45
Aulularia 3, 6, 31	172	Lex Malacitana	
Captiui 4, 2, 39	172	c. 64	104
		c. 65	45
Rhetor ad Herennium.		Lex Rubria c. 23	121
2, 13, 19	121	Manzipation der Poppaea . .	48

Textbemerkungen.

	Seite
Cod. J. 3, 36 Fam. erc. c. 14	89
'per actionem praescriptis uerbis' ist spätere Einschiebung.	
Cod. J. 4, 32 de usuris c. 25	133
'ueste' nicht zu ändern.	
Cod. J. 4, 64 de rer. perm. c. 4	73
Am Schlusse hat gestanden: praescriptis uerbis actione aut condictione.	
Cod. J. 5, 11 de dotis prom. c. 4	92 flg.
Ursprünglich wird am Schlusse etwa hinzugefügt gewesen sein: et ideo actionem tibi non competere.	
Dig. 18, 3 de lege comm. fr. 5	114
'suo quoque iure' bedarf keiner Aenderung.	
Dig. 19, 3 de aestimatoria fr 1 pr.	71
'aestimatoriam' wird Zusatz der Compilatoren sein.	
Dig. 19, 3 de aest. fr. 1 § 1. 2	77
'in factum' interpoliert.	
Dig. 21, 1 de aed. ed. fr. 1 pr.	163 flg.
'tam earum . . se mouentes' interpoliert.	
Dig. 21, 1 de aed. ed. fr. 20	155 flg.
'quae' aufzulösen in: qua emptor.	
Dig. 21, 2 de eu. fr. 72	48
Der Satz 'sicut aliarum quoque rerum complurium una emptio facta sit' wird Zuthat der Compilatoren sein.	

	Seite
Dig. 22, 2 de naut. faenore fr. 5 pr.	129

Am Ende scheint 'periculi pretium esse si insuper aliquid redderet' oder Aehnliches ausgefallen zu sein.

| Dig. 23, 4 de pact. dot. fr. 26 § 3 | 127 |

'ad' braucht nicht in 'ac' geändert zu werden.

| Dig. 44, 2 de exc. rei iud. fr. 23 | 43 |

Der Anfang wird ursprünglich gelautet haben: si legitimo iudicio siue imperio continenti ex stipulatu sine praescriptione actum sit.

| Dig. 45, 1 V. O. fr. 133 | 42 |

Eine durch Interpolation unverständlich gewordene Stelle. Insonderheit verdient in dieser Beziehung Beachtung der Schluss: 'quod non est uerum'.

| Dig. 45, 1 V. O. fr. 140 § 1 | 5 flg. |

Statt 'id argentum quaque die dari' wird etwa dagestanden haben: sestertium triginta milia sua quaque die dari. Ebenso scheint 'apud ueteres narium fuit' auf Interpolation zu beruhen.

| Dig. 46, 8 Ratam rem fr. 18 | 42 |

Eine durch Interpolation unverständlich gewordene Stelle. Insonderheit verdient in dieser Beziehung Beachtung der Schluss: quod uerum non est.

| Dig. 50, 17 R. J. fr. 23 | 81 flg. |

Statt 'depositum et precarium' schrieb Ulpian vielleicht: depositum et mandatum.

| Fr. Vat. 14 | 118 |

Statt 'maucipio' lies: mancipi quod.

| Gaius 1, 7 | 15 |

'et opiniones' ist nachgajanische Glosse.

| Gaius 1, 79 | 15 |

Ganz und gar späterer Zusatz.

| Gaius 2, 18—25. 31. 32 | 19 |

Das auf Provinzialrecht Bezügliche ist hier einem ältern Grundstocke angeflickt, welcher von Provinzialrecht noch nichts enthielt.

| Gaius 3, 134 | 135 |

Der Satz 'ita scilicet ut .. non fiat' könnte nachgajanische Glosse sein.

| Gaius 4, 130 | 21 |

Ausgefallen wird sein: et omnes hodie proficiscuntur ab actore

| Gaius 4, 131 | 3 |

Hier ist vielleicht zu lesen bezw. zu ergänzen: et quae ante tempus obligationis in menses uel annos futuros fieri non potest nec permissa postea esse nidetur petitio.

| Gaius 4, 131 [a] | 23 flg. |

In der Mitte wird zu lesen sein: de tradenda uacua possione ex empto agamus; si obliti id uero sumus.

| Gaius 4, 132 | 19 flg. |

siq = si quaeras; 'praescribentur' verschrieben für 'praescribantur'. Der ganze Paragraph ist wohl eine nachgajanische Glosse.

Gaius 4, 134 . . . . 21, 57 flg.
Ein späterer Anbau. Es wird zu lesen sein: in praescriptione formulae designandum est, cui dare oportet, et sane domino dare oportet, quod seruus stipulatur; at in praescriptione de pacto quaeritur.

Gaius 4, 136 . . . . 8 flg.
Hier ist zu lesen bezw. aufzulösen: Quod A^s A^s de N^o N^o incertum est stipulatus ex mutuo

Gaius 4, 137 . . . . 9 flg.
Zwischen 'de' und 'fuit' scheint ausgefallen: ea re conueniatur, cuius rei dies.

Inst. J. 2, 4 de usu fructu § 2 133
'uestimenta' nicht zu ändern.

Pauli sent. 5, 6 § 10 . . . . 79 flg.
Der Schlusssatz 'nam et ciuilis actio .. competit' ist interpoliert.

www.ingramcontent.com/pod-product-compliance
Lightning Source LLC
Chambersburg PA
CBHW020829190426
43197CB00037B/740